烹饪技术与烹饪营养研究

吕　刚◎著

吉林科学技术出版社

图书在版编目（CIP）数据

烹饪技术与烹饪营养研究 / 吕刚著. -- 长春 : 吉林科学技术出版社，2022.12
ISBN 978-7-5744-0096-2

Ⅰ. ①烹… Ⅱ. ①吕… Ⅲ. ①烹饪－方法－中等专业学校－教材②烹饪－营养卫生－中等专业学校－教材
Ⅳ. ①TS972.11②R154

中国版本图书馆 CIP 数据核字(2022)第 244331 号

烹饪技术与烹饪营养研究
PENGREN JISHU YU PENGREN YINGYANG YANJIU

作　　者　吕　刚
出 版 人　宛　霞
责任编辑　李红梅
幅面尺寸　185mm×260mm
开　　本　16
字　　数　314 千字
印　　张　13.5
版　　次　2023 年 6 月第 1 版
印　　次　2023 年 6 月第 1 次印刷

出　　版　吉林科学技术出版社
发　　行　吉林科学技术出版社
地　　址　长春市净月区福祉大路 5788 号
邮　　编　130118
发行部电话/传真　0431-81629529　81629530　81629531
81629532　81629533　81629534
储运部电话　0431-86059116
编辑部电话　0431-81629518
印　　刷　三河市华晨印务有限公司

书　　号　ISBN 978-7-5744-0096-2
定　　价　85.00 元

前 言

随着人们物质文化生活需求不断提高，人们生活日益改善，我国人民的饮食习惯逐渐向营养型发展，怎样进行合理的营养、合理的膳食来达到合理饮食目的，已经成为人们饮食中的重点。运用正确的烹饪技术和营养学原理，把食物原料进行合理的烹饪处理，创造既物美价廉又营养可口、合乎卫生的膳食，将营养卫生与烹饪合为一体，就可以提高人民健康水平。

基于此，本书以“烹饪技术与烹饪营养研究”为选题，在内容编排上共设置六章：第一章阐释烹饪的基本原理，内容涵盖烹饪的相关概念、烹饪技术的产生与发展、烹饪及其科学艺术分析；第二章研究烹饪原料及其初加工工艺，内容囊括烹饪原料的相关知识、植物性原料、动物性原料、干货原料及其初加工工艺；第三章对烹饪刀工技术与食品雕刻技术、烹饪调味技术与烹调方法分析、烹饪中菜肴组配设计与装盘技术进行全面分析；第四章探讨烹饪营养学基础及联系，围绕营养学基础分析、人体所需的能量与营养、营养素之间的相互联系展开研究；第五章分析烹饪营养价值及膳食平衡，主要论述烹饪原料中的营养价值分析、特殊人群的烹饪营养分析、烹饪营养学中的膳食平衡；第六章探讨烹饪营养及其安全保障路径，内容涵盖烹饪技术与营养之间的关系、烹饪中营养的保护措施、烹饪营养与安全的保障路径。

全书条理清晰、重点突出，语言简洁，客观实用，从烹饪的基本原理进行引入，系统性地对烹饪技术与烹饪营养进行解读。另外，本书注重理论与实践的紧密结合，对从事烹饪工作的相关人员具有一定的参考价值。

本书的撰写得到了许多专家学者的帮助和指导，在此表示诚挚的谢意。由于笔者水平有限，加之时间仓促，书中所涉及的内容难免有疏漏与不够严谨之处，希望各位读者多提宝贵意见，以待进一步修改，使之更加完善。

目　录

第一章　烹饪的基本原理

第一节　烹饪的相关概念

一、烹饪

烹饪的概念有广义和狭义之分。

广义的烹饪泛指各种食物的加工制作过程，诸如主食（面、饼、馒头、包子、米饭、面包等）、副食（鱼、畜、禽、蛋、蔬菜等）、饮料（酒、茶、可可、咖啡、冰淇淋、奶油冰糕等）等的制作过程。不论是手工制作的还是机械加工的，都属于广义的烹饪的范畴。

狭义的烹饪，仅指以手工制作为主将食物原料加工成餐桌饭食菜品的过程。我们现在通常所说的烹饪，一般都是狭义的烹饪。对于这个定义，应从以下方面理解：

第一，烹饪的直接目的和客观作用，都是满足人们在饮食方面的物质（生理）需求和精神（心理）享受。

第二，烹饪是一种生产劳动。烹饪者（如厨师）就是烹饪生产的劳动者；烹饪的生产资料就是烹饪的场地（如厨房）、设备、工具、食材等。烹饪生产需要一定的技术方法和手段，如焯水、过油、汽蒸、挂糊、上浆、勾芡、调味、烹调方法、盛装等。这些技术方法和手段可以是物理的、化学的，也可以是生物的；可以是加热的，也可以是非加热的。

第三，烹饪的最终产品是可供人们直接食用的成品。从其内容和形态看，主要包括菜肴和面点等食品。

现代烹饪已发展为一门独立的综合性学科，涉及生物学、物理学、食品风味化学、生理学、医学、营养卫生学、林学、农学、水产学、食品学、工艺学、营销学、历史学、哲学、民俗学、心理学、美学等多个学科。烹饪不仅生产物质资料，为人类提供生存所必需的生活资料，也进行着艺术、文化等的精神生产。在人类社会文化高度发展的今天，中国烹饪作为一门具有技术性、艺术性与科学性的学科，在不断改善和丰富人们的饮食生活以及开展交际的社会活动中，正发挥着越来越重要的作用。

二、烹调

“若想做到健康饮食，需要选对食材、合理搭配，同时还需要健康烹调。”[①]按照食品制作发展的规律，人类首先发明烹饪技术，直至调味品出现，烹调才得以产生。烹饪的最初目的是熟食，烹调的最初目的是美食。只有当烹调出现后，人类饮食才具有了真正享受的意义。在相当长的一段时间内，人们把“烹调”中的“烹”理解为加热，把“调”解释为调味。实际上，“烹”的本义是烧煮，近代泛指食物原料用特定方式制作成熟的过程。关于“调”的意义，可以解释为配合得均匀合适、使配合得均匀合适。“调”不仅包括调味，还包括调香、调色、调质和调形等内容，是人们综合运用各种操作技能（其中也包括“烹”的技能）把食品制作得精美好吃的过程。烹调作为一个专业术语和整体概念，是指人们依据一定的目的，运用一定的物质技术设备和各种操作技能，将烹饪原料加工成菜肴的过程。

三、饮食

饮食与烹饪不同。烹饪是生产性的（即烧煮食物），核心是制作；饮食是消费性的（即吃喝），核心是享用。烹饪活动包括烹饪原料、炊具、技艺的应用、厨师的操作、佳肴美馔的品种质量、烹饪理论的实践和总结、社会烹饪活动间的交流等内容；饮食活动包括食物的品种质量、餐具的使用、环境设施的布置安排，以及食客的口味偏好、服务、礼仪制度、饮食理论的作用和确立、饮食

① 范志红．健康烹调的要点［J］．保健医苑，2022（05）：60.

活动的影响等内容。

烹饪与饮食是对立统一的辩证关系。它们相互联系，相互作用，从低级到高级不断地发展变化着。烹饪的产生，引起了人类饮食的革命，火化熟食取代了茹毛饮血。从此，烹饪活动成为了人类饮食活动的基础。烹饪活动对推动饮食活动的发展、进步起着决定性的作用。

四、餐饮业

在改革开放之前，中国的酒楼称饮食店，餐饮业称饮食业。随着饭店的增多，新词汇的丰富，诞生了餐饮一词。1987年后，国家统计局将饮食业改称为餐饮产业。顾名思义，餐饮既区别于单纯地对菜点进行烹调制作，也不同于独立地对成品进行销售交易，它既包括有形的物质产品又包括无形的心理愉悦，是经营者生产劳动与消费者欲望满足的紧密结合。

在我国，餐饮业是指在一定场所，对食物进行现场烹饪、调制，并出售给顾客主要供现场消费的服务活动。烹饪是餐饮业的重要组成部分。烹饪的产品质量、烹饪专业人才的水平直接影响餐饮业的发展。随着餐饮业的多元化和现代化的发展，对烹饪的产品质量、烹饪专业人才的水平，提出了更高要求。

第二节　烹饪技术的产生与发展

一、烹饪技术的产生

关于烹饪的起源，目前主要有两种观点：一种观点认为烹饪起源于先民学会用火进行熟食时期，距今50多万年；另一种观点则认为烹饪诞生于发明陶器并开始用盐调味的陶器时代，距今约1万年。烹饪的产生离不开用火熟食，但人类开始用火熟食时，只能说进入了准烹饪时代。完备意义上的烹饪必须具备火、炊具、调味品和烹饪原料四个条件。火是烹饪之源，调味品是烹饪之纲，陶器为烹饪之始，原料为烹饪之本。

（一）用火熟食

人类最初的饮食方式，同一般动物并无多大区别，自然还不知烹饪为何物。人们长期过着“茹毛饮血”“生吞活嚼”的原始生活。由于吃生冷腥臊之物，对肠胃造成很大损害，身体健康的人极少。

虽然生食可以维持人的生活，但先民也并不甘愿长久吃生食。当他们认识了火以后，就跨入到一个新的饮食时代，这便是火食时代。人类掌握了取火与保存火种等方法后，其生活水平得到了极大的提高，这不仅表现在照明与取暖，更体现在用火熟食上。人类最早使用的是天然火，包括火山熔岩火、枯木自然火、闪电雷击和陨石落地所燃之火等。人类起初见到熊熊烈火，同其他动物一样，总要避而远之。但是人与动物毕竟不同，他们在余烬中感到了温暖后，可能会有意收集一些柴草，将火种保存下来，以便借此度过难熬的寒冬。有时在烈焰吞噬的森林中，也会发现一些烧死的野兽和烤熟的坚果，待取过一尝，别有一番滋味，由此受到启发，开始走上火食之路，烹饪由此诞生。

火的发现与运用，加速了人类进化，从此结束了茹毛饮血的蒙昧时代，进入了人类文明的新时期。火化熟食，使人类扩大了食物来源，减少了疾病，有利于人类有效地吸取营养，增强体质。火的掌握和使用，是人类烹饪发展史上的一个里程碑。

（二）陶器的产生

人类在最初学会用火熟食时，并没有炊具，所掌握的只是把鱼和兽肉等直接放在火上烧烤。没有炊具的烹饪只能是原始的烹饪。

考古发现，人类最早使用的炊具是陶器。陶器的发明是人类自发明人工火以后完成的又一项以火为能源的科学革命。陶器在很大程度上是为谷物烹饪发明的，是原始农耕部落的创造。农耕部落有比较稳固的生活来源，不再频繁迁徙，开始有了定居生活，陶器正是在这个时候来到人类世界的。先民学会用火以后，为了保存火种和取暖照明，常于洞穴泥地上挖一火塘，长年架柴燃烧。久之，火塘四周泥土发生变化，异常坚硬，这便是烧制陶器的原始工艺。

陶器的出现，使人类便于煮熟食物，它标志着人类的烹饪历史从此进入了新的时代。同时，人类的食物有了储藏工具，减少了饥饿的侵袭，促进了定居

生活。所以说，自从有了陶器，人类生活面貌为之一新。

（三）盐的产生

人类自从掌握了火的运用，使食物由生变熟，便开始了最初的烹饪。但是这种烹饪，只能尝到食物的本味，不知用调味品，只能说烹而不调。没有调味品的烹饪，是非常单调的烹饪。

我国最早的调味品是盐。在人类远古时期，盐的发现是无意的，是借助自然界的客观环境感受到的。活动在海边的人，偶然将吃不完的动物无意间放在海滩上。海水涨潮时，将这些动物浸泡在海水中。海水退潮的时候，他们想到还有没吃完的动物，于是将这些动物从海滩边取来，用火烤熟了吃。他们惊异地发现，这种经咸的海水浸泡过的动物表面沾上了一些白色的晶粒，而且比没有海水浸泡过的动物好吃。这种情况经过无数次的重复，使原始人渐渐懂得这些白色小晶粒能够起增加食物美味的作用，就开始收集并使用这种晶粒—盐。

陶器发明之后，我们的祖先才渐渐地发明烧煮海水以提取盐的方法。新石器时期先民已开始吃盐。

盐的使用，在人类的生活进程中，是继用火以后的又一次重大突破。盐和胃酸结合，能加速分解肉类，促进吸收，改善人类体质。盐的化学构成为氯化钠，是人体氯和钠的主要来源，这两种元素，对维持细胞外液渗透压，维持体内酸碱平衡和保持神经、骨骼、肌肉的兴奋性，都是人体不可缺少的。盐又是烹饪的主角，“五味调和百味香”，盐于五味之首，没有盐，什么山珍海味都要失色，机体的吸收也大受限制。所以，盐的产生，对烹饪技术的发展，对人类的进步有着极为重要的意义。

（四）烹饪原料的利用

人类用火熟食的同时也有了烹饪原料。此前人类处在生食阶段，直接食用从自然界获得的食物。自从人类掌握了用火把生料加工成熟食的技巧，即掌握了烹饪技术以后，才出现了烹饪原料。

在周口店北京人遗址中发现有大量被敲碎的烧骨和烧过的朴树籽。考古学家断定，北京人时代人类已经掌握了把食物的生料加热成熟食的技术，也就是说烹饪技术在那时已经诞生了。那些原来用作生食的原料，就变成为烹饪原料，时间距今约50万年。

中华民族历史十分悠久，在不同朝代、不同时期，由于生产力和科学水平的不同，人们对烹饪原料的认识和利用也不尽相同，加之自然生态的变化和各朝各代体制、礼俗、饮食风尚等的差别，使烹饪原料的组成结构也在发生变化。如古代的烹饪原料天鹅（古称鹄）、熊掌、虎、驼鹿（犴达罕）、麋鹿等，如今都成了珍奇保护动物。但从总的趋势来讲，可供烹饪的原料是随着历史的发展而不断增加的。

综上所述，人类学会了用火，开始了熟食；发现了盐，产生了调味技术；发明了陶器，使烹饪技术的发展有了新的可能；人类在长期的生活、生产过程中，认了世间各种各样可供烹饪的原料，使烹饪有了丰富的物质资料。火、盐、陶器、烹饪原料的综合运用，标志着完备意义上烹饪的开始。

二、烹饪技术的发展

烹饪技术的发展首先得益于社会生产力的进步，其次是社会消费水平的提高和消费层次化的发展，它促使厨师不断提高自己的水平，以适应社会的要求。中国烹饪技术体系在其形成和发展的全过程中，始终与饮食文化的交流同步进行。

（一）烹饪技术的萌芽

在极其漫长的原始社会，烹饪技术曾发生过三次大的革命：第一次是火的应用带来了熟食生活；第二是陶器的发明使煮食普及开来；第三是陶甑的发明，促进了人类从煮食向蒸食的过渡。主要的烹饪技术有火烹、石烹、陶烹三种。

1. 火烹

人类自从用火熟食，就意味着烹饪的开始。最初，人们把食物直接放在火上进行熟制烧烤使其成熟，这被后人称为“火烹法”。烧烤有许多讲究，将食物直接在火上燎，曰“燔”；将食物包裹起来烤，曰“炮”。将食物挂起来连熏带烤，曰“炙”。燔法，如今天的燎玉米，烧核桃，先民也是如此，这是最原始的熟食方法之一。炮法，相传先民在燧人氏时代，“始裹肉而燔之”，有的裹以蕉叶，有的涂泥，也有的编个草袋将鱼、肉等装在里面，再以火煨。如

今的叫花鸡、荷叶童鸡、纸包鸡，都是这一古老烹调技艺的遗风。炙法，今日仍盛行，但已不叫炙，而叫烤。如烤鸭、烤肉片、烤乳猪等特产名肴，就都是古老炙法的佳作。

2. 石烹

把食物直接在火上烧烤，尽管熟化过程短，但是对食物浪费多，而且容易烧焦，因此，人类从很遥远的时代起，就在探求一种既可熟化又不易烧焦的烧烤方法。把石板架在火上，可以缓和火势，进行间接烧烤，石板是人类最早发明的重要炊具。今天云南怒族、独龙族、纳西族，都用一种石板烤制粑粑。这种粑粑，味道香酥，久放不霉，已成为民族风味食品。陕西的石子馍、山西的莺莺饼，也都是以古老的石燔法制成的。石子馍是先将卵石烧热，将馍放在上面烘烤。莺莺饼也叫砂子饼。山西永济有座普救寺，寺前有沟名莺莺沟，沟中有细净的黄砂，人称莺莺砂。当地人们以火炒砂，将饼埋入热砂里烤至焦黄，故名莺莺饼，亦为当地的传统名食。河西走廊的名肴“西夏石板烤羊”，也是以石燔法制成的。

3. 陶烹

陶器的问世，使烹饪得以确立为一项人类特有的技艺。这意味着通过烹饪操作，人与食物原料的互动关系日渐扩展和复杂化。陶烹可以直接理解成以水为传热介质的食物加热成熟法。其中，水在炊具中直接与食物原料混合，通过不断吸收火的热能达到沸点或一定温度，将食物煮熟的方法称“水煮法”。

陶烹的另一种基本方法是“汽蒸法”，即以水蒸气为传热介质加热成熟食物的方法。汽蒸法有赖于陶甑和甗的问世，但其起源不会晚于陶器发明之后太久。汽蒸的特点是使用封闭的炊具，通过温度高于100℃的水蒸气来成熟食物。在蒸的过程中，原料只吸收了少量水分，所含营养成分不会因溶解和分解于水中而损失掉，有效保持了原形和原味，较高的温度又能使食物更为柔软、熟烂、鲜嫩和易于消化吸收；尤其是汽蒸时蒸汽对空气中氧的隔绝作用，能够减少食物营养物质（如维生素）的氧化破坏，因此就营养学角度而言，蒸是比煮更为完善的烹饪方法。

（二）烹饪技术的初步形成

先秦时期是我国烹饪技术的初步形成时期。夏商周三代（特别是商代），青铜的发明和青铜器的大量供用，不仅有了鼎、鬲、釜、甗等加热炊具和锋锐的切割刀具，调味也已成为厨师的又一大技能，中国烹饪的技术要素已经产生。“断割（刀工）”“煎熬（火候）”“齐和（调味）”三者便是中国烹饪的三大技术要素。

1. 断割

在先秦的文献中，有关断割的故事，可以说是屡见不鲜，“庖丁解牛”屠牛坦解牛等故事都是生动的记述，后来就衍变成中国厨行中的刀工技术。“庖丁解牛”描述了庖丁宰牛出神入化的分解技术，厨师宰杀整头活牛时技艺娴熟、动作美妙、发出的声响悦耳。这个典故生动地反映出当时厨师对刀工技术的理想化要求。当时烹饪中的刀工主要运用在两个方面：一是分档取料，即根据牲体不同部位的肉质进行分割，当时已经有“七体”（脊、两肩、两拍、两髀）、“九体”（肩、臂、臑、肫、胳、正脊、横脊、长肋、短肋），乃至“二十一体”分割法，以供适合的各种烹饪方式使用；二是按需分割，即根据烹饪的各种需要将挑选好的原料解切成块、片、丁、丝、末、泥等，目的不仅在方便食用、利于入味、丰富口感，尤在通过各种原料及食器的配合，使成菜取得赏心悦目的效果。

2. 煎熬

煎熬泛指食物的一切加热技术，早在《诗经》《楚辞》等古文学名著中多次出现，魏晋以后，从炼丹术中移来了“火候”的概念，成了中国烹饪技术体系中的最重要的技术要素。

在商汤时代，我们祖先对火候与烹饪的关系就有了初步的认识，把火候说成灭腥去臊除膻的“纲纪”。

这一时期，烹饪技法有了进一步的创新，如臛（红烧）、酸（醋烹）、濡（烹汁）、炖、羹法、齑法（碎切）、菹法（即渍、腌）、脯腊法（肉干制作）、醢法（肉酱制作）等。另外此时所出现的“滫瀡”、煎、炸、熏法、干炒是一个飞跃。“滫髓”意即勾芡，让菜肴口感滑爽。八珍中的“炮豚”等菜，开创了用炮、炸、炖多种方法烹制菜肴的先例，对后代颇有影响。

3. 齐和

“齐”是实现“和”的科学方法，是美味的量化准则。如果说“和”是饮

食文化的价值体系问题，那么，“齐”就是饮食文化的技术体系问题。当然，在中国传统烹饪过程中，“齐”的形态往往表现为变化而并非常化，其量化本性与西方烹调所强调的量化标准及精密的科学思辨相异很大，它往往表现为感觉经验，甚或是一种对“技”的超越。这一点，正是中国传统烹饪实现“和”的关键所在。三代时期，由于统治者对美味的重视，调味已成为厨师的又一大技能。

可以说，在青铜时代，以刀工、火候、调味三者为基本技术要素的中国烹饪技术体系已经初步形成。

（三）烹饪技术体系的逐步完善

秦汉以后，随着铁制工具的广泛采用，刀工日益精细，烹制方法和调料逐渐增多，中国烹饪技术体系日臻完善，特别是魏晋南北朝时期，以浅层油脂为导热介质的炒法发明以后，中国烹饪技术体系基本成熟，《齐民要术》就是这个体系成熟的里程碑式的文献记录。到了隋唐五代时期，食品雕刻和冷盘技术起了锦上添花的作用。自此以后，中国烹饪技术体系再也没有取得质的突破。清代乾隆年间，袁枚的《随园食单》对中国烹饪技术体系作了历史性的总结。

1. 炉灶锅釜炊具的改进

由于灶、炉等烹饪设备相继出现并不断地得到改善，炊具种类不断增多并形成较为完整的功能体系。

汉初，人们开始在地面上用砖砌制炉灶。当时炉灶的造型和种类可谓变化多样，但总体风格是长方形的居多。东汉时，炉灶出现了南北分化。南方炉灶多呈船形，与南方炉灶相比，北方灶的灶门上加砌一堵直墙或坡墙作为灶额，灶额高于灶台，既便于遮烟挡火，也利于厨师操作。不论南方式还是北方式，炉灶对火的利用更加充分合理，如洛阳和银川分别出土了有大、小二火眼和三火眼的东汉陶灶。南北朝时期，可能受北方人南迁的影响，南方火灶也出现了挡火墙。汉代炉灶的形式有很多，有盆式、杯式、鼎式等，魏晋南北朝时出现了烤炉，可烘烤食物，其他一些炉灶辅助工具如东汉时可置釜下架火的三足铁架、唐代火钳等也在考古发掘时被发现。

战国以来，特别是秦汉以后，铁器逐步取代铜器，炊具中的铁器也多了起来，釜、甑、鼎、镬均有了铁制品。三国时期魏国已出现了“五熟釜”，即釜内分为五档，可同时煮多种食物。蜀国还出现了夹层可蓄热的诸葛行锅。至西晋时，蒸笼又得以发明和普及，蒸笼的发明使中国的面点制作技术发生了相应的变化。唐朝的炊具中还有比较专门和奇特的，如有专烧木炭的炭锅，还有用石头磨制的“烧石器”，其功用很似今天的“铁板烧”。宋代以来，炉灶又有了改进，出现了“镣炉”。此种镣炉，在小火炉外镶木架，可以自由移动，不用人力吹火，炉门拔风，燃烧充分，火力很旺，清洁无烟，安全防火，且节约时间、人力和燃料，又易于控制火候。外形美观大方，足登大雅之堂，所以庙堂廊宴，肆上行庖，均可以此作“行灶”。这就是我国最早的“铜火锅”。

2. 烹饪工艺出现较为完善的体系

秦汉以后，厨膳劳动分工日趋周密精细，出现了割烹合作、炉案分工的新局面。山东省博物馆陈列的两个汉朝厨夫俑，一个治鱼，一个和面，各司其职，相当于现在的红案厨师与白案厨师。四川德阳出土的东汉庖厨画像砖上画着厨师烹饪劳动的情形，有人专事切配加工，有人专事加热烹调，炉、案分工明显。而从山东诸城前凉台村汉墓出土的“庖厨图”画像石更可以看出烹饪规模巨大和分工精细。

烹饪技术有了新发展，重要的表现是烹饪方法增多了。周代有“五齑”法，到了南北朝时又出现了“八和齑”（即八宝菜），在菜肴制法方面有鱼鲊法、脯腊法、羹臛法、蒸焦法、菹绿法、炙法、素食法、菹藏生菜法等，在主食小食方面有饼法、粽糉法、醴酪法、飧饭法、饧铺法等。

在加热上，由于铁器的使用，出现了许多高温快速成菜的油熟法，最典型、最具特色的是炒、爆法。在调味方面，不少人“善均五味”，创制出许多复合味型，甚至在宋代还创制出方便调料“一了百当”。它是用甜酱、醪糟、麻油、盐、川椒、茴香、胡椒等熬后炒制而成，接着放入器皿中随时供烹饪之用。

在烹调方法上，再值得一提的是“烧烤”技术的发展和“涮”的烹调法的改进。烧烤技术历史悠久，源远流长。远在周代就有“炮牂”“肝膋”等烧烤食品。到宋元时代，已经出现了“爊鸭”“烤全羊”等烧烤技艺。前代只有类似火锅的炊具，但没有“涮”的具体做法。在宋后代，在餐桌上使用边煮边吃的暖锅，在各地已相当流行，这种炉锅俱备的暖锅，实即后世风行的火锅。

元、明、清时期，烹饪技术不断发展创新，形成了较为完善的体系。在菜肴制作上，刀工处理、配菜、烹饪、调味、装盘等技术及其环节都已相对完善。如刀工处理方面，不仅有柳叶形、骰块、象眼块、对翻蛱蝶、雪花片、凤眼片等诸多刀工刀法名称，而且在明代出现了整鸡出骨技术，在清代筵席上有了体现高超刀技的瓜盅。

在烹饪方法上，此时已经发展为三大类型：一是直接用火熟食的方法，如烤、炙、烘、熏、火煨等；二是利用介质传热的方法，其中又分为水熟法（包括蒸、煮、炖、汆、卤、煲、冲、汤煨等）、油熟法（包括炒、爆、炸、煎、贴、淋、泼等）和物熟法（包括盐焗、沙炒、泥裹等）；三是不用火而直接利用化学反应制熟食物的方法，如泡、渍、醉、糟、腌、酱等。而每一种具体的烹饪法下还派生出许多方法，如同母子一般，人们习惯上把前者称为母法、后者称为子法，有的子法还达到相当数量。到清朝末年，烹饪方法的"母法"已超过50种，"子法"则达数百种。如炒法，到清朝时已派生出了生炒、熟炒、生熟炒、爆炒、小炒、酱炒、葱炒、干炒、单拌炒、杂炒等十余种。又如烧法，除直接用火熟食的烧法外，还有用铁锅的烧，并且因色泽、味质、辅料、水分多少的不同衍生出红烧、白烧、葱烧、酱烧、软烧、干烧、生烧、熟烧、酒烧等20余种方法。

在主食制作上，面团制作、成形和成熟等技术及其环节也形成了一定的体系。如面团的制作方面，不仅用冷水、热水、沸水和面，而且用酵汁法、酒酵法、酵面法等发酵面团，还用油制油酥面团。面点的成形技术已达到很高水平，有擀、切、搓、抻、包、裹、捏、卷、模压、刀削等成形方法。当时"抻面"已经可以拉成三棱形、中空形、细线形。面点成熟方面，常见的有蒸、煮、炸、煎、烤、烙等方法，并且朝多种方法综合运用的方向发展，清代扬州的"伊府面"就是将面条先微煮、晾干后油炸，再入高汤略煨而成的，形式和风味类似于当今的方便面。

（四）烹饪技术的科学发展

近代以来，现代理论科学和技术科学的发展，给烹饪技术的革新带来了希望。现代科学技术的有关理论和实践使人们能够从更高的层次，以新的观点和思维方式来审视烹饪技术发展的一般规律，从物质变化的角度研究烹饪的整个过程。

中国烹饪以全新的姿态进入了开拓创新的时代，走上了与世界各民族烹饪文化广泛交流的道路。

1. 烹饪工具现代化

20 世纪初，我国烹饪的热加工器具以生铁、熟铁、黄铜、紫铜等金属器为主。20 世纪 20 年代，一些食品机械被引入大型厨房，进而发展成为烹饪设备，如小型绞肉机、切肉机、和面机、磨浆打浆机、粉碎机、面点成形机等。炉灶此时也有一些实质性的改良，使用风箱或小风机助燃以提高温度，并出现一些新炉灶。

20 世纪 50—60 年代，随着城市手工业和机械业的发展，烹饪器具和烹饪加工机械也得到较好的发展，煤灶在中小城市普及，一些地方开始使用带鼓风机或加气压的专业柴油炉、煤油炉和燃气炉。1965 年，广州电饭煲厂推出我国第一批电饭锅，随后，电饭锅在国内迅速兴起。此后，其他电热器如电阻式电热炉、电烤炉、电热管、电热煮器等也相继面市。20 世纪 70 年代中期，我国开始出现专业电热灶，各类电热设备在这一时期打下良好的基础。进入 20 世纪 80 年代，随着市场经济的发展和工业技术的进步，我国烹饪器具及设备进入快速发展阶段，各种规格、层次和功能类别的新器具及设备不断出现，以自动电饭锅、电炒锅、红外线电热炉等为代表的各种电热设备大量进入餐饮企业。

20 世纪 90 年代，由于新材料、新工艺和新技术的大量引用，烹饪器具及设备的发展速度很快。并且出现了空前繁荣的局面，烹饪专业设备的结构体系日趋完善。除传统器具不断发展外，现代新型陶瓷、仿瓷、新型塑料、金属合金和复合材料等新材料器具也不断涌现，如锅具就有铁制锅、不锈钢锅、铁合金锅、铝合金锅、复合金属锅等。在加热设备方面，各式电饭锅、高压锅、不粘锅、多功能电子锅和具有蒸、煮、扒、炖、煎、炸、烤、焗等多种专业功能的人工或自动控制的设备已普遍使用，燃油炉灶和燃气炉灶向结构更合理、功能更先进、更节能的方向发展。同时大量使用新型电能设备，包括各种电灶、红外线烤箱、电磁炉、微波炉等，其中具有卫生、清洁、节能、方便、快捷等特点的电磁炉和微波炉，在一定程度上改变了传统的烹饪工艺。

另外，还有一些地方开始使用太阳能设备，如太阳能热水器、太阳能炉、太阳能灶、太阳能煮锅等。在原料预处理设备方面，各种不同用途的手动或电

动机械设备十分齐全，如处理果蔬有清洗机、去皮机、切制机、造形机、磨浆机、打浆机、粉碎机等；处理肉类有绞肉机、切肉机、斩拌机和禽类拔毛机等；制作面点有粉碎机、搅面机、和面机、打蛋机和各种面点成形机等。

2. 现代食品工业兴起

烹饪工具的现代化，一方面促使传统烹饪工艺的某些手工操作环节，由烹饪机械加工替代，如切肉机、绞肉机代替厨师手工进行切割、制蓉，用和面机、压面机制作面食等；另一方面，促使食品工业逐渐兴起，出现了食品工厂，用机械化甚至自动化生产食品。食品工业不仅能减轻生产者的劳动强度，而且使食品生产具有规范化、标准化、规模化的特征。如在食品工厂，全部用机械制作火腿、香肠、面条、包子等食品，产量大、品质稳定。可以说，食品工业是从传统烹饪脱胎而来，是现代科学技术进入烹饪领域的产物，也是传统烹饪技艺和生产方式走向现代化的最佳途径。

3. 现代营养学进入烹饪领域

现代营养学大约在 1913 年传入中国，到 20 世纪 20 年代后，中国现代营养学逐步发展起来。一些营养学专家开始逐步将营养与烹饪结合起来研究，并在 20 世纪 80 年代前后发展成为一门新兴学科即烹饪营养学。许多高等烹饪学府都开设了烹饪营养学，使学生能够运用营养学的知识科学合理地烹饪，制作营养丰富、风味独特的菜点。中国预防医学科学院营养与食品卫生研究所与北京国际饭店合作，对淮扬菜、鲁菜、粤菜和川菜系的一批菜肴成品进行营养成分测定。当然，中国烹饪与现代营养学密切结合的同时，仍然没有、也不可能放弃长期指导中国菜点制作的传统食治养生学说。正是由于传统食治养生学说与现代营养学的相互渗透，宏观把握与微观分析两种方法的相互配合，使得中国烹饪向现代化、科学化迈出了更快的步伐。

4. 技术传承方式变革

现代科学理论和现代教育的发展使人们从根本上对旧的传承方式进行革命性的改造。在这个改革过程中现代学校教育的方式发挥了重要的作用。现代教育方式改变了过去一带一的师徒方式，扩大了技术传授的范围和技术传承的基础。教育方式的多样化和教育内容的层次化，适应了各种层次的需求，进而大大提高了从业人员的专业水平和文化修养。

与开展学校教育相适应，烹饪的科学研究日益受到重视。学校教育与传统方式不同之点在于，不但要使学生知其然，还要让学生知其所以然。师傅教给徒弟的是一个个具体的菜点，教师教给学生的应该是经过理论总结的菜点制作的一般规律，不但要知道怎样做，还要知道为什么要这样做，还可以怎样做，怎样做最好。因此，把相关的科学理论与具体的烹饪实践相结合，从中找出烹饪加工的一般规律的任务就落到了学校教育的肩上。经过教师和专业人员的努力，一批适合现代教育需要的教材和著述相继问世。在烹饪理论方面的建设，对烹饪的发展提供了良好的条件。

烹饪的理论建设打破了技术的保守与封闭，一些“秘诀”“绝招”在科学面前已无秘密可言。它使得不同的烹饪技术体系可以在更高层次上、更广的范围内进行交流。烹饪的理论建设也使得技术传承的速度加快，效率提高，从而加快了烹饪发展的步伐。

第三节　烹饪及其科学艺术分析

一、烹饪的类型、属性及影响

（一）烹饪活动的类型

1. 家庭烹饪

家庭烹饪是涉及面最广的一类烹饪类型，它几乎可以影响一个国家、一个民族的体质兴衰。家庭烹饪的主要特点为：一是高度分散；二是大众化。家庭烹饪是以家庭为单位的高度分散的一种烹饪，因民族习惯、地理气候、物产状况、经济条件以及个人好恶种种因素的影响而类型繁多，情况各异，只能引导，不能控制。家庭烹饪是大众化的烹饪，其技术比较单调，设备比较简单，注重实用、实惠、经济、方便。如果把社团烹饪、筵宴烹饪和差旅烹饪看作是专业烹饪的话，那么家庭烹饪就是业余烹饪。

2. 团餐烹饪

团餐是团体供餐、团体膳食的简称，包括大型工业企业、商业机构、政府机构、学校、医院、部队、其他社会活动团体以及会展活动、旅游团的餐饮供应和社会送餐等。近年来，我国团餐社会化、市场化、企业化已成为主旋律，专业团餐公司应运而生，团餐市场开始成型。团餐烹饪的特点如下：

（1）以提供人们健康所需要的最佳营养素供应为主要任务，要求配菜合理，平衡膳食。日常供应的品种以主副食为主，品种花色较为单调。

（2）以批量供应为主要特色，在菜肴制作上，以大锅菜为主，制作方法、设备条件要与之相适应。

（3）注重实用、实惠、方便、经济，与家庭烹饪有相似之处。

（4）不以赢利为主，但由于服务对象是持久性的，其影响也是长期的，这种长期的服务也必须要考虑经济效益。此外，团餐烹饪在许多场合下提供的菜点是强制性的，即个人挑选的自由度要受到限制，比如在部队中。

3. 筵宴烹饪

筵宴烹饪是社会烹饪的主要力量，以营利为主要目的，能够适应不同层次、不同需求的消费。筵宴烹饪基本上代表着整个社会烹饪发展的水平，并且对整个社会的饮食消费有着强有力的引导作用。筵宴烹饪的主要特点如下：

（1）在技术上，以追求饮食美为主要目的，选料注重精、稀、丰、贵，制作工艺讲究，并广泛借鉴各种艺术表现手法，花色菜点较多。

（2）一般总在专业饭店中进行，或者由专业厨师主持其主要技术工作。

4. 差旅烹饪

差旅烹饪是一种介于筵宴烹饪、家庭烹饪、团餐烹饪之间的，为一般流动人群饮食服务的烹饪类型。通常出现在旅游者或出差在外的人的饮食供应之中。它提供的菜点主要用于及时补充身体内的营养需求，也兼有小憩时享受一下饮食美的功能。

5. 特殊烹饪

特殊烹饪是指为特殊人群，如孕产妇、婴幼儿、各类病人等服务的烹饪。

这种烹饪一般都有严格、特殊的要求。

（二）烹饪活动的属性

烹饪是一门做饭做菜的技术，技术性是烹饪最本质的属性。同时，烹饪还具有社会文化性、科学性和艺术性。

1. 烹饪的技术属性

技术有两个含义：一是泛指根据生产实践经验和自然科学原理而形成的各种工艺操作方法与技能；二是除操作技能之外，还包括相应的生产工具和其他物质设备，以及生产的工艺过程或操作程序及方法等。烹饪是一门实用技术，其本质属性是技术性。

中国传统的烹饪技术有刀工、火候和调味三大技术要素，具体内容主要包括：①鉴别与选用烹饪原料的技术；②宰杀或加工烹饪原料的技术；③切配和保藏烹饪原料的技术；④涨发干货原料和制汤的技术；⑤挂糊、上浆、拍粉、勾芡和初步熟处理的技术；⑥加工和运用调味品的技术；⑦运用火候的技术；⑧运用烹调方法的技术；⑨菜点造型和装盘技术；⑩还有制作面点的技术；⑪ 制作冷餐、烧腊的技术；⑫ 管理厨房的技术等。这些各种各样的技术，共同的目的是要制作出色、香、味、形、质俱佳的菜点来，所以我们统称其为制作菜点的技术，即烹饪技术。这些技术反映在烹饪工作中，就形成一整套的生产流程，我们称这种技术性的生产流程为烹饪工艺。

烹饪工艺中包含的每一类技术，都有各自完整的体系。如在烹调方法的技术体系中，包含有炸、烧、炒、爆、煎、煮、蒸、烤、熘等多种不同的烹调方法，每一种烹调又有很多分支。比如“炸”这种烹调方法就有清炸、干炸、软炸、松炸、酥炸、焦炸之分，对火候、油温和炸制的要求各有不同。

当然，菜点的烹饪并不单单是个技术问题，在烹饪过程中还涉及食品设计、美学、色彩学、造型工艺，以及植物学、动物学、物理、化学等方面的知识，但技术性始终是烹饪最本质的属性。

2. 烹饪的社会文化属性

人类生食时期是自然状态的原始生命本能，而用火熟食是人类文化的开始。从这个层面来看，烹饪已经属于文化范畴无疑。文化是人类创造成果的总和，

烹饪是人类的创造，因此烹饪当然是文化。烹饪文化具有一般文化的属性。它也是人类群体的体力劳动和脑力劳动相结合的产物，也是通过实践、认识、再实践、再认识的过程创造出来的，它也有物质成果和精神成果：物质成果是古今烹饪原料、工具，能源、饭食、菜点、饮料等，精神成果是古今烹饪技法、菜谱、食单、筵席设计、饮食须知以及系统的烹饪原料学、烹饪营养学、食品卫生学、烹饪化学、烹饪工艺学、烹饪美术等，这些精神成果大部分体现在烹饪实践中，也有一部分表现在书籍和其他如陶塑、泥俑、石刻、碑刻、画像砖、画像石、墓壁画、画卷等文物中。

中国烹饪文化具有独特的民族特色和浓郁的东方魅力，主要表现为以风味享受为核心、以饮食养生为目的的和谐与统一。将中国烹饪与中国文化结合起来，打造成一种世界共有的文化，应作为当代烹饪高手、烹饪大师的新动力。中国烹饪的创新，不应局限于菜肴、调味、用具等形式上的创新，必须要重视文化层次上的提高；美味佳肴不但要满足人们的口腹之欲，而且要让人们在大快朵颐之时，体会到文化的熏陶与享受。

如今，在烹饪中体现文化，已经成为新一代从事厨师工作的人追求的目标之一。全国各地的风味菜、传统菜、创新菜、江湖菜、民间菜等一系列菜肴，从制作到成菜，不仅仅使人从原来的色、香、味、形陶醉，而且还可享受浓郁文化氛围。当客人可以从某一菜肴开始认识一个地方、一个民族、一种观念、一位名人时，其烹饪与文化便达到了一个更高的境界。

3. 烹饪的科学属性

烹饪的过程就是用一定的方法使烹饪原料产生符合要求的变化的过程。这一过程也就是科学意义上的物理变化、化学变化以及生物组织变化的过程。科学地认识烹饪的目的在于，以现代科学发展提供的条件和手段去认识烹饪过程中的各种现象，建立科学的烹饪理论体系，并以此来指导烹饪的实践；建立合理的烹饪技术体系，使烹饪更好地符合自然和人类社会发展的一般规律，更好地为人类社会服务。

烹饪在整个科学领域中有着极为广泛的内涵，它不仅在自然科学占有一席之地，同时也是社会科学的重要组成部分。

在烹饪过程中，化学、物理、数学原理得到了普遍应用。物质加热可以使分子运动加快，许多食品也就是通过加热促使其内部分子结构发生变化，从而达到理想效果。脂肪与水一起加热时，一部分水解为脂肪酸和甘油，此时加入酒或醋，就能与脂肪酸化合成有芳香气味的酯类。我们通常在烹饪鱼肉时，加入适量的酒增加香味，就是根据这个原理；在豆浆中加入石膏或者盐卤后，可凝结成豆腐脑，这也是根据溶液中的电解质对蛋白质有促使凝固作用的科学原理制作的。

在烹饪配料时，还离不开数学的运用，如每一样菜的配料，都必须根据不同的分量，按其比例计算用料。烹饪在营养学方面也具有举足轻重的地位，许多美味佳肴，同时也是延年益寿的补品和治病的良方。如鲫鱼羹，具有温补脾肾、益气和胃的作用；百合蒸鳗鱼，对肺结核、淋巴结核有明显疗效。有的菜肴，甚至还是美容食品。当然，一些食物若配搭不当，会相克，轻者降低或失去营养价值，重者伤害身体，影响健康。如菠菜烧豆腐，若不先去掉草酸，就会降低营养价值。蟹与柿子、蜂蜜与生葱等同食，会引起肚痛腹泻。因此菜肴的量、质的科学搭配，是烹饪过程中不可忽视的一大环节。

烹饪同时也是人类社会科学发展的重要标志之一。不同的历史时期、不同的社会阶层，都有不同的烹饪特点。人类的祖先曾长期过着茹毛饮血、生吞活嚼的生活。火的发明和利用，是人类历史的最大进步。有了火才有了熟食；有了盐才开始调味；陶器的发明，人类从烤、炙、炮的烹调方法进入了煮、汆、蒸的水烹阶段；青铜器出现和油脂的利用才有了爆、炒等油烹的烹调方法。

4. 烹饪的艺术属性

烹饪的艺术表现力是有目共睹的事实，但它能否作为一门独立的艺术表现形式则需要认真研究与探讨。因为，烹饪的根本目的是制作食物，艺术的表现形式主要是提高产品的观赏价值，并由此影响人们的进食情绪，增进食欲。

在烹饪活动中确实包含了一些艺术的因素，使其具有一定的艺术创造能力。人们在烹饪过程中，按照对饮食美的追求，塑造出色、形、香、味、质俱佳的食品，为人们提供饮食审美的享受，从而使人们得到物质与精神交融的满足。但通常我们所说的烹饪艺术实际上是多种艺术形式与烹饪技术的结合，即在食物的烹饪过程中吸收相关的艺术形式，将其融入具体的烹饪过程之中，使烹饪过程与

相关的艺术形式融为一体。烹饪工作者需要借助雕塑、绘画、铸刻、书法等多种艺术形式（方法），才能实现自己的烹饪艺术创作。因此，烹饪艺术是烹饪的一种属性而不是烹饪的全部，它只有在一定的消费要求下才能展现出来。

（三）烹饪活动的影响

烹饪是人们制作饭菜的一种基本手段，它与人类的生存息息相关，并且随着社会的发展而发展，在人类的社会发展中发挥着重要的作用。

1. 促进人类步人文明阶段

用火熟食是烹饪的诞生，同样是作为人类最基本的生存技能之一，自它开始便标志着人类与动物划清了界限，摆脱了茹毛饮血的野蛮生活，步入文明阶段。烹饪自诞生以来，历经若干万年，由简单走向复杂，由粗糙走向精细，反映出人类社会的文明程度和经济繁荣状况。

2. 改善人类的饮食生活

饮食是人类生存的需要，烹饪则向人类提供饮食成品。烹饪渗透到每一户人家，其技术的高低直接关系到提供的食品质量的优劣，涉及人类饮食生活的好坏。高超的烹饪技艺可以为人类提供源源不断的精美菜品，使人们感受到妙不可言的饮食文化，极大地改善人类的饮食生活，满足人们物质文化生活的需要，给人以精神享受。

3. 充当社会活动的媒介

随着人类社会的进步，经济建设的发展，社会文明程度的提高，交际性的社会活动日益增多，一般的社会活动中大都贯穿着饮食生活，而饮食生活质量的根本保证是烹饪技艺。因此，烹饪技艺在社会活动中充当媒介，推动许多社会活动的开展。

4. 繁荣社会市场经济

烹饪工作是将食物原料加工成人类需要的食品的劳动过程，这种劳动过程不断为社会创造物质财富，满足了人们饮食生活的需要。烹饪劳动的产品是饮食市场的主要商品，其数量和质量是直接关系到饮食市场的繁荣与否，并间接影响到整个社会市场的繁荣。烹饪行业属于第三产业，为社会提供服务性劳动，在社会经济建设中有着重要的地位。

二、烹饪的科学性分析

（一）科学烹饪的内涵

“目前，百姓对烹饪出的食物既有味道方面的需求，也有营养健康方面的需求，这就需要采用科学的烹饪方式。”① 科学烹饪俗称合理烹调，通常指采用适宜的加工烹调方法，在满足肴馔色、香、味、形等感观性状的同时，尽量减少营养素的损失，并确保安全卫生，以有效发挥食物的食用功能和营养价值，充分满足饮食活动中物质享受和精神审美的双重需求。科学烹饪是一个复杂的系统化过程，它在烹饪原料的基础上，运用适宜的烹调加工手段，融合烹饪营养、卫生及感观性状的具体要求，从而得到相应的烹饪产品，最终实现饮食活动中物质和精神的双重享受。

饮食的物质享受和精神审美是科学烹饪所追求的双重需要。人类的饮食活动，是人与自然界之间的物质交换，是天人相应的具体表现。人既是自然人，又是社会人；人的饮食，既有生理的需要，也有心理的需要。通过相对完美的烹饪产品来实现人类在饮食活动中物质享受和精神审美的双重需要是科学烹饪追求的最高境界。

烹饪营养、烹饪卫生和烹饪产品的感观性状是科学烹饪的三要素。合理营养是科学烹饪的根本目的，安全卫生是科学烹饪的基本保障，烹饪产品的感观性状是科学烹饪审美价值的表现形式，营养、卫生和感观性状对立统一于烹饪的全过程之中。

（二）科学烹饪的基本特征

科学烹饪是一个复杂的系统化过程，它具有以下特征：

1. 科学烹饪的普遍性

任何事物都强调内容与形式的统一。就烹饪产品而言，感观性状是其基本形式，安全卫生和营养价值是其具体内容。烹饪产品良好的感观性状可有效满

① 李智美．科学烹饪对食物营养价值的保护性作用［J］．食品界，2022（10）：78.

足人体心理审美需求，并具有提情绪，增食欲的功效。人体饮食主要是为了摄取其中的营养素以满足自身生理需要，所以说营养是科学烹饪的根本目的。饮食本身必须无毒无害，安全卫生是食品的必要条件，是科学烹饪的重要基础。因此，从总体而言，人们对烹饪产品色、香、味、形、质等感观性状的审美需求，对烹饪产品安全卫生和营养价值的生理需求是共同的。

例如：在国际烹坛中，中国菜有“舌头菜”之说，一菜一格，百菜百味；法国菜有“鼻子菜”之称，鲜香宜人，风味醇厚；日本菜有“眼睛菜”之誉，造型雅致，色泽鲜明。中国烹饪以味为核心，以养为目的。西方烹饪提倡食品的安全性是无价的，强调食品营养标签的重要性。由此可知，就世界范围而言，无论何种烹饪体系或烹饪流派，尽管它们在烹饪过程的某些具体环节中或于烹饪产品的某些具体指标上存在着或多或少的差异，但从整体上而言，它们对烹饪科学化的基本要求是大致相同或相近的，即以注重烹饪产品的安全卫生为基础，以适口性为前提，强调营养、卫生与感观性状的统一，追求物质享受和精神审美的和谐，这三方面的基本要求是共同的，具有普遍适用的特征。

2. 科学烹饪的综合性

科学烹饪是一个综合性的概念，而且是一个复杂的系统化过程，它包容着营养、卫生、感观性状等三要素和生理、心理等双重需要，它以烹饪原料为基础，以加工方法为手段，以适口性为前提，以感观性状为形式，以安全卫生为保障，以合理营养为目的。从宏观方面而言，科学烹饪涉及到整体与局部的平衡、生理需求与心理需求的平衡、营养与卫生的平衡、营养卫生与感观性状的平衡等多方面的平衡关系。从具体指标而言，科学烹饪涉及到色、香、味、形、质、器、意、养、疗、洁等十个要点之间的对立统一和主辅协调关系。由此可见，科学烹饪所包容的内容是丰富多样的，不可能简单地以一种标准或一种模式来概括，呈现出一种动态平衡的协调波动势态，其科学化的各种具体要求相对处于一定的弹性范围之中。

3. 科学烹饪的特殊性

不同的消费群体有着不同的风俗习惯和风土人情，不同的消费个体对烹饪产品有着不同的口味需求。烹饪的科学化尽管整体上在注重烹饪产品的适口性、强调营养、卫生与感观性状的统一、追求物质享受和精神审美的和谐等方面具有广泛的共性，但在具体指标和实际环节上存在许多差异。例如：不同的民族对烹饪原料的品种和色泽存在着鲜明的好恶之分，不同的群体对烹饪产品的味型和营养存在着明显的轻重之选。因此，烹饪的科学化必须同烹饪的民族性、个体性相融合，充分尊重消费者的风俗习惯和个体差异，在普遍性的前体下，做到具体问题具体对待，特殊问题特殊处理，从而在烹饪过程中实现点与面的有机统一。

4. 科学烹饪的渐进性

科学烹饪的基本内容和具体要求不是一成不变的，而是处于不断地补充、调整和完善的过程之中。烹饪是科学，是文化，是艺术。科学技术在不断地发展，饮食文化在不断地积淀，吃的艺术在不断地丰富，随着历史的变迁，人们对烹饪的认识在不断地提高，对烹饪的理解在不断地深化，科学烹饪的内容也随着科学技术的发展、饮食文化的积淀和吃的艺术的丰富而不断地充实和完善着。

（三）科学烹饪的基本原则

1. 因人制宜原则

科学烹饪的因人制宜原则，是指在烹饪过程中，根据消费对象的风俗习惯、健康状况、年龄大小、劳动强度、工作岗位等多种因素加以综合考虑，选择相应的烹饪原料，采用适宜的加工方法，并融入营养、卫生和感观性状的具体要求，使饮食活动充分满足消费者物质享受和精神审美的双重需要。

消费对象的风俗习惯是科学烹饪因人制宜原则中应首要考虑的问题。风俗习惯是饮食文化的组成部分，也是科学烹饪的重要内容。消费群体的风俗习惯问题不仅直接影响着消费审美心理和烹饪实际效果，而且影响到民族间饮食文化交流和团结信任关系。

消费对象营养状况和营养需求的差异性是科学烹饪因人制宜原则中应重要考虑的问题。营养是饮食的根本目的，是烹饪实用性的直接体现，是科学烹饪的核心。就消费整体而言，人体对蛋白质、糖类、脂类、水、无机盐、维生素和膳食纤维等七大类营养素的需求是共性；就消费个体而言，人体对营养素的吸收和营养素的需求数量表现出复杂的差异性。不同的消费者，因其身体特点、健康状况、劳动强度、工作性质等方面的差异而对烹饪营养品类和数量的要求

有所不同。

例如：味精作为一种调味品和营养品，中国人对其普遍适应，中国家庭和酒店烹调中使用味精司空见惯，但部分美国人，尤其是澳大利亚人却对味精存在较明显的过敏反应，针对这部分消费者，烹调中必须慎用味精。即使是同一消费者，其对营养的需求也随自身健康状况、年龄大小、工作性质、生活状态等条件的改变而发生相应的变化。众所周知，人体在青少年期、中青年期、老年期等各个不同的年龄阶段，其对营养素的吸收和对营养素的需求具有明显的差别；即使在同一年龄阶段，也会因其工作岗位的变动，或者健康状况的变化而对营养素的需求和吸收表现出一定的差异。

2. 因地制宜原则

科学烹饪的因地制宜原则，是指在烹饪过程中，根据消费地域的风土人情、饮食特点、风味特色、地理状况等多种因素加以综合考虑，选择相应的烹饪原料，采用适宜的加工方法，并融入营养、卫生和感观性的具体要求，使饮食活动充分满足消费者物质享受和精神审美的双重需要。

人类的食物取决于生物资源，生物资源是构成生态环境的主体，生物资源的丰富与否取决于地理位置，尤其是气候条件和地理条件。某一区域的气候条件和地理条件决定了当地居民的饮食习惯。因此，科学烹饪必须在满足菜肴营养、卫生和感观性状基本要求的基础上，入乡随俗，顺其自然。中国菜要在海外安家落户，必须接受当地的原料和调料，中外结合以适应当地居民的饮食要求。即使在国内，各地的自然条件、物产状况亦不相同，饮食风格各有特点，在某地经营异地菜肴时，菜肴的烹制必须在某些具体环节或指标上做相应的调整或改良，以符合当地居民的饮食需求。故无论南料北烹，还是中菜西做，菜肴要有生命力和竞争力，就必须能变、会变、善变，兼容并蓄，变革创新，因地制宜，以变制胜。

3. 因时制宜原则

科学烹饪的因时制宜原则，是指在烹饪过程中，根据消费时间的时令季节、气候变化、早晚差异、历史阶段等多种因素加以综合考虑，选择相应的烹饪原料，采用适宜的加工方法，并融入营养、卫生和感观性状的具体要求，使饮食活动充分满足消费者物质享受和精神审美的双重需要。

（1）科学烹饪强调烹饪与季节气候相协调。中国自古有四时调摄之说，根据天人相应的道理，饮食应该与自然保持和谐。春生、夏长、秋收、冬藏，春季阳气初升，天气由寒转暖，饮食应以清淡为主，不宜肥甘厚味；冬季气温寒冷，万物收藏，为人体进补蓄锐的大好时期，为四季中进补的最佳季节，宜用温热性食物，以利温补阳气，并辅以炖、焖、煨等加工方法，以利脾胃消化吸收。故春季宜推行如荠菜炒肉、枸杞头炒鸡蛋等菜肴，而冬季则宜流行如狗肉锅仔、羊肉火锅等菜式。

（2）科学烹饪强调烹饪与历史潮流相协调。在不同的历史发展阶段，科技的进步和文化的交流必然促成饮食潮流的不断更新，科学烹饪必须适应饮食潮流，应及时把科学技术成果有机地融入烹饪过程之中，以有效地提升烹饪产品的科技含量。诸如微波菜肴的形成，正顺测温勺的运用，营养套餐的开发等，推动了烹饪无烟化、简捷化、健康化的发展速度，加快了烹饪的现代化。

（3）科学烹饪强调适时选用最佳烹饪原料。时令食物原料新鲜味美而富有营养，通常具有最佳的食用价值和营养价值，最适宜于用作烹饪原料。

4. 因物制宜原则

科学烹饪的因物制宜原则，是指在烹饪过程中，根据烹饪原料的类型、品种、质地、大小、色泽、气味和性味等多种因素加以综合考虑，采用适宜的加工方法，并融入营养、卫生和感观性状的具体要求，使饮食活动充分满足消费者物质享受和精神审美的双重需要。

烹饪原料有腥臊膻涩之异，烹饪过程中应采用相应的处理方法以去除原料的异味。例如猪腰有臊味，鱼肉有腥味，羊肉有膻味，可采用飞水、点醋、加料酒等方法以去臊灭腥除膻。烹饪原料有老嫩粗细之别，烹饪过程中应选择相应的烹调技法加以烹制。例如，质地细嫩的肉类原料，最宜选用炒、熘、爆等烹制技法，而质地较老的肉类原料，常选用烧、煨、炖等烹制技法。烹饪原料有四性五味之分，烹饪过程中应根据原料的性味特点充分发挥食物的保健功能。温热性食物多具有助阳、温里、散寒等作用，寒凉性食物多具有滋阴、清热、解毒等作用。常见的羊肉、狗肉、人参、大枣、鸡肉等为温热性食物，宜于在

冬季进补使用；常见的苦瓜、绿豆、鸭肉、百合、紫菜等为寒凉性食物，宜于在夏季清火时使用；常见的鸡蛋、银耳、山药、莲子、牛乳、猪肉等为平性食物，宜于一年四季经常使用。

5. 因事制宜原则

科学烹饪的因事制宜原则，是指在烹饪过程中，根据饮食活动的主题，或有关规章制度的具体要求，选择相应的烹饪原料，采用适宜的加工方法，并融入营养、卫生和感观性状的具体要求，使饮食活动充分满足消费者物质享受和精神审美的双重需要。

（1）科学烹饪必须依法用料，必须坚决地对中国烹饪传统进行创造性的转化，即应用多元的思考模式，将中国烹饪传统中有价值的东西选择出来，用科学和民主的原则加以重组和改造，使经过重组和改造后的中国烹饪更科学、更讲营养、更富有生命力。这种烹饪较明显的缺点是用料太广泛，什么都敢吃，以天下万物为佳肴，缺少生态平衡观念和动物保护意识。由此给我们带来了深刻的启示，主要包括：①在烹饪原料的选择方面，应确立新的指导原则，那就是营养第一原则，生态平衡观念，环境保护和法律意识；②名菜之所以“名”，不应以选料稀有、制作复杂、造型美观、风味独特为唯一标准，而应引入多元的标准，其核心和基础是民主与科学。烹饪原料的选用必须符合有关规定，那些被列为国家或地区保护动物的野生动物也不得用作烹饪原料，如娃娃鱼、果子狸、穿山甲、巨蜥等。科学烹饪要求文明健康的食风，提倡人与自然的和谐，注重饮食与社会的统一。

（2）科学烹饪必须看谱用料，即根据菜谱或食谱的具体内容选用烹饪原料。看菜谱用料，有利于菜肴的标准化和规范化，有利于成本的控制与核算；看食谱用料，有利于保障合理的膳食营养。

（3）科学烹饪必须据情用料，即根据饮食活动的主题选用烹饪原料。例如：工作餐讲究方便实惠，选用家常原料即可；双人餐注重感观审美，选用特色原料巧烹细做为妙；营养餐重视味美兼备，选用普通原料合理配制为宜。

三、烹饪的艺术性分析

我国烹饪技术有着几千年发展历程，在这几千年的发展历程中，我国的烹饪技术逐步形成了自身的特色，在新时代发展下，随着我国经济社会的快速发展，人们物质文化生活水平的逐步提高，人们越来越注重烹饪技术的审美特性，直至发展成为实用与审美并重的各种花色造型菜点及丰盛华丽的筵席。我国烹饪技术向来以色、香、味、形等特点闻名于世界，而这些特点正是新时代发展下烹饪工艺美感发展的重要体现之一。

（一）烹饪工艺中的刀工艺术特征

刀工作为烹饪工艺中的基础之一，具有重要的作用，刀工的好坏直接影响了所做每一道菜肴的外形。刀工的具体内涵指的就是烹饪技术人员使用刀具及相关的原料进行加工，来做出各种美感强的形状的技术。刀工在烹饪工艺中占据重要的作用，如通过刀工的加工，其可以有利于菜肴原材料的加热、便于菜肴的调味、美化菜肴的外形等，总之通过刀工工艺的加工，可以给消费者一种感官的享受。

第一，刀工的基本工艺。刀工的基本工艺大体上分为两种：①规则料型，就是通过刀工的基础技术来完成的，如切、片、剁等基础技术将菜肴的原材料加工成丝、条、块、段等形状，这样就可以在制作菜肴中将这些规则的几何造型进行重新组合和搭配，达到一种美感。如我国川菜中著名的菜品之一五柳鸡丝，就是通过不同颜色的原材料并且将原材料切成细丝，进行混合搭配，利用线丝的交错原理，使得成菜有了一个新的造型给人以整齐、和谐的美的享受；②不规则材料型，这种艺术也是通过刀工的基本方法来完成的，即公共刀工中的切、片等将菜肴原材料切成菱形片、指甲片等几何形状，并且在制作菜肴中利用这些几何形状进行重新组合变成一种新的造型，给人一种享受的美感，引起消费者的食欲。

第二，优化刀工。优化刀工作为刀工的一种类型，是在刀工基础技巧上衍变而来的，如柳叶型、牡丹形、金鱼型等外形，都是通过刀工优化方法而加工出来的。

第三，冷盘拼摆。冷盘拼摆主要分为两种：一般拼盘技术和花色拼盘技术。一般的拼盘技术所指的就是将基本刀工所切、片出的形状摆成四边形、圆形等形状，比如什锦拼盘的制作，先选配六种或六种以上颜色不同、荤性原料或素

性原料、或荤素各半的原料，将全部原料运用刀工处理成规格相同的形状，长 8 ～ 10cm 的长方形薄片，然后将切好的薄片在圆盘中逐一向右旋转，拼摆成一个同心圆的图形，中间的圆心部分采用颜色较醒目的原料拼摆好即可，在拼摆工艺中，要注意原材料颜色的对比和荤素的对比等；花色拼盘工艺其所指的就是通过选取不同性质的菜肴原材料，并根据特定的主题寓意和内容，对这些原材料进行加工，拼摆成五颜六色的鱼虫花鸟、各种景观等外形。该工艺的运用不仅要求烹饪技术人员具有精湛的技巧，还要求具有美学等方面的素养，即对一些美学图案能够有一定的了解和认识这样才能做出更加美感的菜肴给消费者一种美好的视觉感受。

第四，刀工艺术中的食品雕刻。食品雕刻是我国烹饪工艺中独特的技巧，食品雕刻与其他雕刻艺术所不同的是，其所选取要雕刻的原材料是食品材料，如马铃薯、南瓜、萝卜等材料，它是一种综合性的造型艺术。具体包含了雕塑工艺、我国传统的剪纸工艺等，最终使得这些菜肴形成一种优美的外形，给消费者提供丰富的欣赏佳作。刀工工艺在新时代发展下已经不仅仅局限于切、剁、片等基本类型，更是对称均匀、调和对比、多样统一等烹饪美的结合。

（二）调味艺术的特征—味觉美

1. 调味的种类

调味的种类有以下三种：

（1）以单一的酸、甜、苦、辣、咸五味为主的基本味，也称单一味。

（2）有两种或两种以上的味道调和而成的复合味，中国菜肴一般多为复合味，如糖醋味、酸辣味、鱼香味等。

（3）由厨师利用多种调味原料和调味品，根据菜肴所需自行加工制作的预制复合调味品也称预制复合味，比如冷菜用的卤水、复制酱油等。

2. 调味的方法

要想使菜肴具有良好的口味，就必须掌握好调味的方法。调味的方法有两种：一次性调味和多次性调味。一次性调味的方法多用于冷菜；多次性调味的方法多用于热菜。它们调味的过程都是在烹制前、烹制中、烹制后完成的。所以在菜肴烹饪过程中，烹饪人员一定要不断学习调味的种类，不断熟练调味的方法这样才能烹饪出美味佳肴。

第二章 烹饪原料及其初加工工艺

第一节 烹饪原料的相关知识

“烹饪原料是烹饪食品加工的基础，从原料的采购、储存、运输，到原料的选择、粗细加工、烹调等每一个环节，都是围绕原料展开的。由此可知，烹饪食品最终质量的优劣，首先取决于原材料质量的优劣。要想烹制出美味可口的菜肴，保证菜点质量的高水平，就必须选择品质佳好的烹饪原料。”[①] 伴随着我国经济的发展，烹饪原料市场空前繁荣，世界上具有国际性的烹饪原料大量进入，而我国具有民族性的烹饪原料也得以广泛地开发，烹饪原料从品种、规格、品质、数量等方面都有很大的发展和提高。具有时代特色的烹饪原料，与现代和传统的烹调技艺相结合，转化成潮流美食，满足人们对饮食的物质和精神的需求。

一、烹饪原料的基本要求

“当今社会人们越来越重视健康，追求健康，对于一个人来说能否拥有一个健康的体魄，吃的怎么样是关键。选择合适的烹饪原料，是整个烹饪环节的第一步，也是极其关键的一步。”[②] 烹饪原料的基本要求主要包括以下四点：

① 陈金标．选择烹饪原料的三层次原则 [J]．扬州大学烹饪学报，2004（03）：28.

② 朱艳玲．浅谈烹饪原料的选择与学生健康 [J]．食品安全导刊，2018（06）：52.

（一）具有营养价值

烹饪原料必须具有营养价值，因为人们摄取食物是为了生存，维护自己的身心健康，满足生长发育的需要。烹饪原料是制作加工食物的物质，也是维持人体健康的保障，原料中营养素种类是否丰富，质量是否优良是决定食物营养价值高低的基础。烹饪原料自身的营养价值则取决于原料所含的营养种类和数量。

（二）良好的口感

作为制作食物的烹饪原料，在使人饱腹的同时要给人带来愉悦的享受，故称“美食”，因此烹饪原料通常要具有良好的口感，只有选用具有良好的口感和味感的原料才能烹制出质量上乘的菜肴。若原料组织粗糙无法咀嚼吞咽或本身污秽不洁、恶臭难闻，其营养价值再高也不适宜用作烹饪原料。

（三）食用安全

烹饪原料安全事关身体健康和生命安全，必须新鲜、无毒、无菌。腐败变质的原料及被病毒、细菌、化学物质污染的原料都不得用于烹饪中，因为这会给人体带来危害。例如，一些菌类植物虽然具有营养价值，也具有良好的味感和口感，但食后可能使人丧命，就不能作为烹饪原料。

（四）符合法律法规

目前，对自然资源的保护已成为全球关注的问题，许多国家已制定了野生动植物保护条例或法规，珍稀动物或濒危动植物不能作为烹饪原料使用。烹饪工作者应增强动植物保护意识，坚决杜绝捕杀、销售和烹制国家保护动物的行为。

二、烹饪原料的种类和形态

（一）烹饪原料的种类

我国烹饪原料资源丰富，有关烹饪原料的分类方法也很多。

第一，按烹饪原料的性质和来源，可分为植物性原料、动物性原料、矿物性原料、人工合成原料。

第二，按加工与否，可分为鲜活原料、干货原料、复制品原料。

第三，按在烹饪中的地位，可分为主料、配料、调味料。

第四，按烹饪原料食用种类分为粮食、蔬菜、果品、肉类及肉制品、蛋、乳、野味、水产品、干货、调味品。

第五，按食品资源可分为农产原料、畜产原料、水产原料、林产原料、其他原料。

我国的营养学家把各种各样的食物分成了五类，包括谷类、薯类、杂豆和水；蔬菜和水果；禽畜肉、鱼虾、蛋类；乳类及乳制品、大豆类及坚果；食用油、食盐。

（二）烹饪原料的形态

烹饪原料的形态是指各种烹饪原料进入厨房时所具有的外部形式。按照餐饮业的习惯一般分为活体、鲜体和制品三类。活体，是指保持生命延续状态。鲜体是指脱离生命状态，但基本保持活体时所具有的品质。制品，是指原料经过特定方式加工后所具有的形态，如干制品、腌制品等。

烹饪原料在加工过程中因加工目的、加工条件、加工方法等的影响而有不同的使用形态：①自然形态，即原料原本具有的形态，行业中一般称之为整料；②加工形态，是指根据一定的目的对原料的自然形态进行适当改变，通常通过刀工对原料进行分割处理，化整为零；③艺术形态，在自然形态、加工形态的基础上，根据预先的设计通过一定的方法将原料处理成具有某种含义的形状，如几何图案、象形图案或寓意图案等。

三、烹饪原料的品质标准与检验

（一）烹饪原料的品质标准

标准是指为了在一定的范围内获得最佳的秩序，经协商一致制定并由公认的机构批准，共同使用的和重复使用的一种规范性文件，一般分为国家标准、行业标准、地方标准、企业标准四级。

1. 国家标准

国家标准是指对全国经济技术发展有重大意义，需要在全国范围内统一的技术要求所制定的标准。国家标准在全国范围内适用，其他各级标准不得与之相抵触。国家标准由国务院标准化行政主管部门编制计划和组织草拟，并统一

审批、编号和发布。代号为GB（“国标”2字汉语拼音的第1个字母），为强制性标准，GB/T为推荐性标准。

2. 行业标准

行业标准是指我国某个行业（如农业、卫生、轻工行业）领域作为统一技术要求所制定的标准。行业标准的制定不得与国家标准相抵触，国家标准公布实施后，相应的行业标准即行废止。行业标准由国务院有关行政主管部门制定，并报国务院标准化行政主管部门备案。行业标准的编号由行业标准代号、标准顺序号及年号组成。

3. 地方标准

地方标准是指对没有国家标准和行业标准而又需要在省、自治区、直辖市范围内统一技术要求所制定的标准。地方标准不得与国家标准、行业标准相抵触，在相应的国家标准或行业标准实施后，地方标准自行废止。地方标准由省、自治区、直辖市标准化行政主管部门制定并报国务院标准化行政主管部门和国务院有关行政主管部门备案。在公布国家标准或者行业标准之后，该项地方标准即行废止。地方标准的编号由地方标准的代号“DB”加上省、自治区、直辖市行政区划代码前两位数，再加斜线、地方标准顺序号及年号组成。

4. 企业标准

企业标准是企业针对自身产品，按照企业内部需要协调和统一技术、管理和生产等要求而制定的标准。企业标准由企业制定，并向企业主管部门和企业主管部门的同级标准化行政主管部门备案。只要有国家、行业和地方标准，企业都必须执行，没有这些标准或者企业为了产品质量高于这些标准时才可以制定企业标准，作为组织生产的依据。企业标准代号为“Q/×××”（“企”字汉语拼音的第一个字母，“×××”为能表示企业名称的3个字汉语拼音的第1个字母）。

烹饪原料标准是指一定范围内（如国家、区域、食品行业或企业、某一产品类别等）为达到烹饪原料质量、安全、营养等要求，以及为保障人体健康，对烹饪原料及其生产加工销售过程中的各种相关因素所作的管理性规定或技术性规定。这种规定须经权威部门认可或相关方协调认可。

（二）烹饪原料的品质检验

为了确保烹饪产品的质量，烹饪原料在加工前应根据相关标准，运用一定方法，客观、准确、快速地识别原料品质的优劣，这对保证烹饪产品的食用安全性具有十分重要的意义。

1. 烹饪原料品质检验的程序和内容

即根据一定的标准，对烹饪原料的品质和安全性进行分析、检测。程序一般为：采样—感官检验—理化检验—微生物学检验。

2. 餐饮业常用的检验方法

餐饮行业中对原料进行品质检验，最常用的是感官检验法。感官检验是凭借人体自身的感觉器官（眼、耳、鼻、口和手等）对烹饪原料的品质好坏进行判断。感官检验方法直观、手段简便，不需要借助特殊仪器设备、专用的检验场所和专业人员，经验丰富的烹饪技术人员能够察觉理化检验方法所无法鉴别的某些微量变化。感官检验对肉类、水产品、蛋类等动物性原料，更有明显的决定性意义。但感官检验也有它的局限性，它只能凭人的感觉对原料某些特点作粗略地判断，并不能完全反映其内部的本质变化，而且各人的感觉和经验有一定的差别，感官的敏锐程度也有差异，因此检验的结果往往不如理化检验精确可靠。所以对于用感官检验难以做出结论的原料，应借助于理化检验。

理化检验和生物学检验要求相应的理化仪器设备，要求经过培训的专门技术人员，有的方法检测周期较长。一般用在行政监督部门的抽样检验、大型餐饮企业大批量采购时的采购检验中，在居家、饭店零星采购中运用比较少。

四、烹饪原料的热物理特性

烹饪工艺的全部过程几乎都离不开热量的传递。热量的传递与烹饪原料的热物理特性有密切关系。烹饪原料的热物理特性对烹饪工艺的影响很大。

（一）烹饪原料的成熟温度

不同的烹饪原料有不同的成熟温度。比如，有些原料的生物组织致密，不易咀嚼，在其内部的一些不安全的成分也不容易破坏，因此就需要较高的热处理温度，有时甚至要多次加热才能成熟；而有些原料的生物组织结构疏松，或

者含有大量水分，则不需要较高的热处理温度，否则会出现细胞脱水、组织松散等现象，使菜品质量下降，严重的还会大量破坏正常的营养成分。因此，在烹饪工艺中，对于所要加工的烹饪原料，必须要根据它们的生物组织、结构特点和所要制成的菜肴品种，确定热处理时的最佳温度条件，以便采取相应的加热方式手段。

（二）烹饪原料的比热容与热容量

烹饪原料的热容量是烹饪原料由生变熟相应吸收的基本热量，它是烹饪原料成熟度的一种度量。如果能确定烹饪原料成熟应达到的温度，就可以计算出烹饪原料在由生变熟时所吸收的热量。

每一种或每一批量的烹饪原料，因其所含的组成成分和结合状态不同，它们的比热容也不同。因而在进行烹饪时，所消耗的热能也是不等的。也就是说，在每一种（批）烹饪原料的制熟过程中，要求达到一定热效应时所需的热容量是不同的。如1千克猪肉与1千克菠菜都从常温下加热到100℃，虽然都是1千克，由于两者的比热容不同，实际需要的热容量当然不同。又如1千克猪肉和2千克猪肉都从常温下加热到100℃，尽管两者的比热容相同，但因质量不等，所以两者所需的热容量也不同。

这里所说的烹饪过程中所需要的热容量，是指使该烹饪原料成熟时所必需的热能数量，并不简单等于加热设备（热源）所放出的热量。因为任何结构合理的炉灶或十分完善的发热方式，其热效率绝不可能是100℃的，实际加热中会损耗一部分热量到空气或其他介质中。例如，煮熟3千克的猪肉，需要20.9千焦热能，而此时如有一热燃料，其值正好是20.9千焦，那么，即使其完全燃烧，也不可能把猪肉烧熟，即加热中的消耗是正常的。

（三）烹饪原料的热导率

热导率也称导热系数，它是表示物体导热性能的一个热力学参数。其物理意义是壁面为1平方米，厚度为1米，两面温度差为时，单位时间内以传导方式所传递的热量。热导率的值越大，则物质的导热能力越强。对不同的物质，其热导率各不相同，对同一物质，其热导率随该物质的结构、密度、湿度、压力和温度而变化。各种常用物质的热导率都是经实验测定的，可从有关手册和参考书中查找。一般来说，金属的导热系数最大，固体非金属次之，液体较小，气体最小。与金属相比，烹饪原料的热导率要小得多。所以，烹饪原料是不良导热体。

烹饪原料的热导率取决于它的内部结构，特别是其松散度。烹饪原料的松散度与其自身的空气、脂肪和水的含量有关，三者之中水的热导率最大，脂肪次之，空气最小。一般来说，烹饪原料的热导率都随其水分含量的增加而增加；随着脂肪含量、松散度的增加而降低。由于冰的热导率大于水的热导率，因此冻结的烹饪原料比生鲜的烹饪原料有更高的热导率。

液体原料如油、酱油等的热导率随着大气压力的上升而增大，随着浓度的增加而减少。在不同的海拔高度，油、水等传热介质虽然加热时状态一样，但温度却不同。海拔高度越高，单位时间内压力与传热介质的热交换量就越小，所以在高原地区，对于同种原料，无论是加热温度还是加热时间，都要略强于内地，才能保证菜肴达到要求的品质。

（四）烹饪原料的抗烹性

烹饪原料的抗烹性是指烹饪原料在烹饪时所遇到的困难程度。有些烹饪原料较易烹饪，有些则很难烹饪，有些在技术条件不具备时根本不能烹饪。烹饪原料的抗烹性主要表现两个方面：①体积，比如广东的烤乳猪、内蒙古的烤全羊，由于要烹的原料体积太大，所以不是一下子就能烹好的；②形状，烹饪原料的形状复杂多样，如果面对单向的热力（如燃气灶、燃煤灶）就有个阴阳向背的问题。面向着热源的，能充分感受到热力的作用，就容易成熟；而背火的那面，就较难受热成熟。

（五）烹饪原料的耐热性

耐热性是指烹饪原料对热能的耐受程度或接受程度。各种烹饪原料，由于质地不同、组织不同，对热能接受的反应也就大不相同。有些原料质地黏软，组织的密度也不大，因此一烹就熟；再烹就易软烂。但有些原料则质地坚硬，密度也大，热能就难以透入内部，以至难以把它烹熟。

烹饪原料的耐热性不仅因原料的不同而不同，即使在同一原料中，各部分的耐热力也不同。比如同是一棵白菜，白菜叶就容易熟，而白菜梗就不容易熟。

同是一块猪肉，肥的就容易熟，瘦的就不容易熟。炖一锅肉时，往往肥肉都熟得化成油了，而瘦肉还咬不动。

第二节　植物性原料及其初加工工艺

植物性原料是来自植物界用于烹饪的一切原料及其制品的总称，主要包括粮谷类原料、蔬菜类原料和果品类原料。这类原料在膳食结构中所占比例极大，对其进行合理的初加工，去劣存优，在烹饪中有着非常重要的意义。

一、粮谷类原料及初加工

粮谷类食物是我国居民的主食，在膳食中占有非常重要的地位，主要供给人们每天所需要的能量、碳水化合物和蛋白质，同时也是矿物质、B 族维生素的重要来源。

（一）粮谷类原料的分类及常见品种

按照食品用途和植物学系统分类，通常把粮谷类原料分为三大类：

第一，谷类：以成熟的种子供食，常用的主要有稻谷、小麦、玉米、燕麦、高粱、小米、荞麦等。

第二，豆类：以成熟的种子供食，主要分为大豆和杂豆。杂豆又主要有蚕豆、豌豆、绿豆、黑豆、红豆、扁豆等。

第三，薯类：以植物膨胀的变态根或变态茎供食，常用的品种有马铃薯（又称土豆、洋芋）、甘薯（又称红薯、白薯、山芋、地瓜等）、木薯（又称树薯、木番薯）和芋薯（芋头、山药）等。

（二）粮谷类原料的初加工

对粮谷类原料，在烹饪中大多选用加工好的净料，初加工比较简单。大多数谷类的初加工仅为淘洗。但要注意淘洗的次数越多，淘洗得越干净，其营养素的损失率就越高；某些谷类如薏仁、高粱米、西米，在烹饪前需要提前用水浸泡 3 ～ 4 小时后再进行加工，口感更加软糯。豆类的初加工首先要进行挑选、清洗，大豆、雪豆、绿豆等熬煮时，可提前用清水浸泡后再进行。薯类的初加工要注意必须清洗干净，同时去除变质部分，防止中毒，根据菜肴的需要选择去皮等合适的初加工方法。

二、蔬菜类原料及初加工

蔬菜是指可以做菜或加工成其他食品的除粮食以外的其他植物，其中草本植物较多。蔬菜是我国居民膳食结构中每日平均摄入量最多的食物，提供人体所必需的多种营养素，在烹饪过程中常作为主料、辅料、调料和装饰性原料，具有重要的作用。

（一）蔬菜类原料的分类及常见品种

1. 叶菜类

叶菜类指以植物的叶片、叶柄和叶鞘作为食用对象的蔬菜，按其农业栽培特点又分为结球叶菜、普通叶菜、香辛叶菜、鳞茎叶菜。常见的品种有大白菜、甘蓝（又称包菜、莲白、卷心菜、椰菜）、菊苣、苦苣、小白菜、芥菜、苋菜、落葵（又称落葵、软浆叶、豆腐菜）、藤菜（又称空心菜、竹叶菜）、生菜、菠菜、豌豆苗、茼蒿、叶用甜菜（又称牛皮菜、厚皮菜）、芦荟、蕺菜（又称折耳根、鱼腥草）、荠菜（又称护生草、菱角菜）、香椿（又称椿芽）、芹菜、韭菜、香菜（又称芫荽）、葱、番芫荽（又称荷兰芹、法香、洋芫荽）等。

2. 茎菜类

茎菜类指以植物的嫩茎或变态茎为主要食用对象的蔬菜，按其生长环境可分为地上茎类和地下茎类。常见的品种有竹笋、茭白、莴笋（又称青笋、莴苣）、芦笋、茎用芥菜（我国特有的蔬菜品种，常用的有青菜头、儿菜、棒菜等）、球茎甘蓝（又称苤蓝）、菜用仙人掌、荸荠（又称马蹄、红慈姑）、慈姑（又称白慈姑）、芋头、魔芋、马铃薯（又称土豆、山药蛋、洋芋）、山药（又称薯蓣、长薯）、洋姜（又称菊芋、鬼子姜、毛子姜、洋大头、姜不辣等）、蒜、洋葱（又称圆葱）、百合、藠头、莲藕、姜等。

3. 根菜类

根菜类指以植物膨大的根为主要食用对象的蔬菜。常见的品种有萝卜、胡

萝卜、芜菁、根用芥菜（又称大头菜、辣疙瘩）、豆薯（又称凉薯、地瓜）、根用甜菜（又称甜菜头、红菜头）、牛蒡、辣根等。

4. 果菜类

果菜类指以植物的果实或幼嫩的种子作为食用对象的蔬菜。常见的品种有茄子、番茄（又称西红柿）、辣椒、四季豆、豇豆、刀豆、嫩豌豆（又称青元）、扁豆、嫩蚕豆、青豆（又称毛豆）、黄瓜、丝瓜、苦瓜、西葫芦（又称角瓜）、菜瓜、冬瓜、南瓜（又称倭瓜）等。

5. 花菜类

花菜类指以植物的花冠、花柄、花茎等作为食用对象的蔬菜。常见的品种有花椰菜（又称花菜、菜花）、金针菜（又称黄花菜、忘忧草）、茎椰菜（又称西兰花、青花菜）、紫菜薹、朝鲜蓟等。

6. 低等植物蔬菜类

低等植物蔬菜类指以在个体发育过程中无胚胎时期的植物即低等植物为食用对象的蔬菜，包括菌藻类植物和地衣植物。常见的品种有石耳、树花、银耳、木耳、各种菌类、冬虫夏草、海带、紫菜、石花菜、海白菜、海苔等。

（二）蔬菜类原料的初加工

对蔬菜类原料的初加工主要是摘剔加工和清洗加工。摘剔加工的主要方法有摘、削、剥、刨、撕、剜等；清洗加工的常用方法有流水冲洗、盐水洗涤、高锰酸钾溶液浸泡等。初加工的过程应根据蔬菜的基本特性、烹调和食用的要求来进行，时刻保持原料的清洁卫生，以保障食用安全。

1. 叶菜类原料的初加工

叶菜类原料的初加工主要是去除老叶、枯叶、老根、杂物等不可食部分，并清除泥沙等污物，然后再对原料进行洗涤。常用的洗涤方法有冷水冲洗、盐水洗涤、高锰酸钾溶液浸泡、洗涤剂清洗等。其中直接生食的原料一般要用0.3%的高锰酸钾溶液浸泡5分钟，再用清水冲洗。

2. 茎菜类和根菜类原料的初加工

茎菜类和根菜类原料的初加工主要是去掉头尾和根须，需要去皮的原料一般用削、剔的方法去皮。处理好的原料要注意防止原料氧化，通常采用的方法是用冷水浸泡，使用的时候从水中取出即可。

3. 果菜类原料的初加工

果菜类原料的初加工主要是根据菜品的需要去掉皮和籽瓤。去皮的方法主要是刨、削，个别的原料如番茄、辣椒则采用沸水烫制后再剥去外皮的方法。

4. 花菜类原料的初加工

花菜类原料的初加工要根据花形大小和成菜的要求去掉花菜的花柄和蒂，以及一些花菜的花心，然后进行清洗即可。

5. 低等植物蔬菜类原料的初加工

低等植物蔬菜类原料很多时候使用的是干制品，初加工一般采用水发的方法，要注意去除泥沙等杂质。

三、果品类原料及初加工

果品类原料是指果树或某些草本植物所产的可以直接生食的果实，通常是水果和干果的统称。

（一）果品类原料的分类及常见品种

果品类原料的分类方法有很多，例如根据果实的含水量和加工程度，可分为鲜果、干果和果品制品；根据果实的自身特点，可分为仁果、核果、坚果、浆果、瓜果、柑橘、复果、什果等。常见的品种有苹果、梨、海棠、沙果、山楂、木瓜、桃、李、杏、梅、樱桃、栗子、核桃、山核桃、榛子、开心果、银杏、松子、葡萄、醋栗、树莓、猕猴桃、草莓、番木瓜、石榴、人参果、柑、橘、橙、柚、柠檬、香蕉、凤梨、龙眼、荔枝、橄榄、杨梅、椰子、番石榴、杨桃、枣子、柿子、无花果、葡萄干、蜜枣、柿饼、蜜饯、果脯、果酱等。

（二）果品类原料的初加工

果品类原料的初加工主要是清洗、去皮或去壳，无特殊工艺，但因水果的主要食用方式是生食，在清洗的过程中要注意卫生和去除虫卵等。例如杨梅和草莓用清水冲洗干净后，最好用淡盐水浸泡 20 ～ 30 分钟，再用清水冲洗后食用，

这样可以有效地去除虫卵和有害物质；葡萄表面的一层白霜和灰尘不太容易去除，可以在水中放入少量的面粉或淀粉不断地涮洗，去除杂质后再用清水冲洗即可；苹果、桃子在清洗的过程中可以先用水冲洗，然后用食盐搓洗，再用清水冲洗即可食用；其他水果根据其特点可以采用剥皮、削皮、反复搓洗等方式进行初加工。

第三节　动物性原料及其初加工工艺

动物性原料是来自动物界用于烹饪的一切原料及其制品的总称，主要包括畜类原料、禽类原料和水产品原料。动物性原料是中国烹饪的主体原料之一，是烹调师们施展烹饪技艺的主要加工对象，在膳食中给人们提供了丰富的蛋白质、动物性脂肪、维生素和矿物质，对人体有着非常重要的作用。

一、畜类原料及其初加工工艺

畜类原料主要是指以猪、牛、羊等畜类动物的肌肉、内脏及其制品为主要食用对象的一类原料，是人们日常食用最多的动物性原料。

（一）常见的畜类原料

根据动物学的分类，畜类原料的常见品种有猪、牛、羊、兔、驴、狗、骆驼和一些可以食用的人工驯养的野生动物的肌肉、内脏及其制品。在烹饪中根据所取的部位通常可以分为头、颈、躯干、尾、四肢、内脏等。

（二）畜类原料的初加工

畜类原料大多体型较大，各部位的肉质有所不同：有的含肌肉较多，有的结缔组织较多；有的肉质细嫩，有的肉质粗老。现在各大城市在菜市场、超市、肉铺销售的肉都已经过合理的分档取料，因而对买回来的畜肉进行初加工也比较简单，主要是对其进行清洗和去除血污、杂质等。

畜类的内脏是初加工的重点，处理不当会对食用效果产生比较大的影响。

常用的初加工方法有里外翻洗法、盐醋搓洗法、刮剥洗涤法、清水漂洗法和灌水冲洗法等。下面介绍几种常用内脏的初加工方法。

第一，猪腰，即猪的肾脏。首先撕去外表膜和黏附在猪腰表面的油脂，然后将猪腰平放在砧板上，沿猪腰的空隙处从侧面采用拉刀片的方法将猪腰片成两片，用刀片去腰臊，再清洗干净，根据菜品的要求对其进行相应的处理。

第二，猪肚、牛肚。通常用盐醋揉搓，直到黏液脱离，再里外反复用盐醋搓洗，然后将搓洗干净的原料内壁朝外，投入沸水锅中焯水后捞出，用刀刮去内膜和内壁的脂肪，用凉水冲洗干净。

第三，肠。肠分为大肠和小肠，初加工方式与肚非常接近，也是采用盐醋搓洗法。但要注意去除肠中的污物，如无法用手摘除，可用剪刀剪掉。然后将肠投入冷水锅中，等水烧沸后捞出，再用冷水冲洗，去除黏液和腥味即可。

第四，肺。由于肺叶中孔道很多，血污不易去除干净，常用灌洗法。以猪肺为例，用手抓住猪肺管，套在水龙头上，将水通过肺管灌入肺叶中，使肺叶充水胀大；当血污外溢时，就将猪肺从水龙头处拿走平放在空盆内，用双手轻轻拍打肺叶，然后倒提起肺叶，使血污流出；如果水流速度很慢，可用双手用力挤压，将肺内的血污排出来。按此方法重复几次，至猪肺外膜颜色银白、无血污流出时，用刀划破外膜，再用清水反复冲洗。

第五，舌。先用清水将舌冲洗干净，然后投入沸水锅中焯水，当舌苔增厚、发白时捞出，用刀刮去白苔，再用凉水清洗干净，并用刀切去舌的根部，修理成形即可。

第六，心、肝。用漂洗法，先用小刀去除心脏顶端的脂肪和血管、肝脏外表的筋膜，然后用清水反复漂洗即可。

第七，脑。先要用牙签把包裹着猪脑的血筋、血衣挑除掉，然后放到清水里浸泡、漂洗，直至水清、脑中无异物即可。

二、禽类原料及其初加工工艺

（一）常见的禽类原料

禽类原料的常见品种有鸡、鸭、鹅、鹌鹑、鸽子和一些可以食用的野生动物。

1. 鸡

鸡肉细嫩，味极鲜香，富于营养，为其他家禽所不及。鸡的出肉率可达80%左右。在烹制时，要根据鸡的公母、饲养方法及育龄不同而采取不同的方法。

仔鸡，饲养期在一年内。外部表现为羽毛紧密，脚爪光滑，胸骨、嘴尖较软。肉质肥而嫩。整鸡适合蒸、烤、炸，不宜煮汤；分档部位宜炒、烧、拌、熘、炸、卤、腌等。

成年公鸡外部表现为鸡冠肥大而直立，羽毛美丽，颈尾部羽毛较长。宜炸、烧、拌、卤、腌等。

成年母鸡外部表现为鸡冠、耳郭色红，胸骨、嘴尖坚硬。皮下脂肪多。宜蒸、烧、炖、焖等。

老母鸡外部表现为鸡冠、耳郭色红发暗，胸骨、嘴尖坚硬，胸部羽毛稀少，毛管较硬，脚爪粗糙。宜烧、炖、煨和制汤等。

2. 鸭

鸭肉肉质较鸡肉粗，有特殊的香味，故有“鸡鲜鸭香”之说。鸭的出肉率约为75%，中秋节前后鸭体丰满肥壮，此时最宜食用。烹制时，嫩鸭宜炸、蒸、烧、炒、爆、卤；老鸭宜蒸、炖、煨、烧等。制汤时鸭与鸡同用，更使鲜香二味相得益彰。烹制时要注意除异味，增鲜味。

3. 鹅

鹅肉肉质较鸭肉粗，出肉率为80%左右。鹅以每年冬至到次年3月左右宰杀的肉质最好。烹制方法与鸭基本相同，宜烧烤、烟熏、卤制。

4. 鸽

肉用菜鸽体型较大，肉质细嫩，鲜香味美，富于营养，是很好的滋补品，常用在宴席上。烹制时宜蒸、烧、卤、炸等。

5. 鹌鹑

近年来由于人工养殖鹌鹑业发达，肉质细嫩鲜香的鹌鹑常用于烹调。烹制时宜腌、卤、炸、蒸等。

6. 野禽类

野禽通常指野鸡（或称锦鸡）、野鸭、斑鸠、鹧鸪等。这些野禽主要栖息于林间、山区、草丛、灌木、湖泊、沼泽等地，由于长期在野外生活，食物源非常丰富，因此其肉中含有丰富的蛋白质，脂肪含量较少，维生素E和维生素A含量较高，为营养丰富的食物佳品。肉味鲜美，质地细嫩，脂肪较少，富含营养。烹制时可根据它们的特点和食者的爱好，采用炒、烧、炸、腌、卤等。野鸭也可蒸食。野禽通常用在高档宴席或旅游地风味菜肴中。

（二）禽类原料的初加工

禽类原料分为家禽类的鸡、鸭、鹅等和野禽类的野鸭、野鸡等两大类。由于各种禽类原料的骨肉结构都大致相同，所以它们的初加工方法也基本相同。下面介绍鸡的初加工方法。

鸡的初加工过程包括宰杀、褪毛、开膛取内脏、清洗等。

1. 宰杀

先准备一个碗，放少许食盐和适量冷水。然后用左手握住双翅，大拇指与食指捏紧脖子，右手扯去部分颈毛后，用刀割断血管和气管，让血液滴入碗中，放尽血。

鸡体型较小，也可以采用窒息死亡的方法。

2. 褪毛

将水温调成80℃～90℃，先将鸡腿放入水中烫约20秒钟，再将鸡头和鸡翅放入水中烫约30秒钟，最后将整只鸡放入水中烫至鸡毛能轻轻拔出时将鸡取出褪毛。褪毛时，先褪去鸡腿的皮、趾甲，再褪鸡头的毛和鸡喙、翅膀的粗毛，最后褪腹部、背部以及大腿羽毛。

褪毛时应注意以下问题：

（1）必须在鸡完全死后进行。过早，因为尚在挣扎，肌肉痉挛、皮肤紧缩，毛不易褪尽；过晚，则肌体僵硬，也不易褪尽。

（2）水温恰当。水温过高，会把鸡皮烫熟，褪毛时皮易破；水温过低，毛不易褪掉。

3. 开膛

开膛应根据烹调方法和成菜要求选择相应的方法。常用的开膛方法有腹开、

肋开、背开三种。

（1）腹开（膛开）。先在鸡颈后边靠近翅膀处开个小口，拉出食管和气管切断，再拉出嗉囊并切断。在肛门与腹部之间划约 6cm 长的刀口，取出肠子、内脏。腹开法适用于烧、炒、拌等大多数烹调方法。

（2）肋开（腋开）。先从宰杀口处分开食管与气管，然后拉出食管，用手沿食管摸向嗉囊，分开筋膜与食管（但不切断食管）。再在翅下方开一个弯向背部的月牙形刀口，把手指伸进去，掏出内脏，拉出食管（包括嗉囊）、气管。肋开法适用于烧、烤等烹调方法，调料从翅下开口处塞入，烤制时不会漏油，颜色均匀美观。

（3）背开（脊开）。用刀从尾部脊骨处切入（不可切入太深，以免刺破腹内的肠、胆），去掉内脏，冲洗干净即可。背开法适用于清蒸、扒制等烹调方法，成菜上桌时看不见切口。

4. 内脏处理

鸡的内脏除了嗉子、气管、食管、肺及胆囊外，一般可以用于烹饪。

（1）肫。割去食道和直肠（粗而较短的一段），用刀剖开，刮去污物，剥去黄色内金，洗净备用。肫质地韧脆，一般用于爆、炒、卤、炸、凉拌。

（2）肝脏。小心摘去苦胆，洗净备用。肝脏质地细嫩，常用于炒、拌、爆、卤。

（3）心脏。撕去表膜，切掉顶部血管，洗净备用。心脏稍带韧性，常用于炒、拌、爆、卤。

（4）肠。除去附在肠上的两条白色胰脏，剖开，冲去污物，再用盐或明矾揉搓，去尽黏液和异味，洗净后用沸水略烫备用。常用于炒、爆、拌、烫等。

三、水产品原料及其初加工工艺

（一）常见的水产品原料

水产品种类非常多，一般分为鱼类、两栖爬行类、软体动物、节肢动物等。

1. 淡水鱼类

淡水鱼滋味鲜美，是制作鱼类菜肴的常用原料。目前，市场上销售的主要是人工养殖的鱼类，其中以四大家鱼（青鱼、草鱼、鳙鱼、鲢鱼）为多。

（1）青鱼，又称黑鲩、乌鲭、螺蛳青等，为我国四大淡水养殖鱼类之一，以9—10月份所产最佳。

（2）草鱼，又称鲩鱼、草青、草棍子等，为我国四大淡水养殖鱼类之一，以9—10月份所产最佳。一般重1～2.5kg，最大可达35kg以上。肉厚刺少、味美。且烧、氽、烟、炸等。

（3）鳙鱼，又称花鲢、胖头鱼、大头鱼等，为我国四大淡水养殖鱼类之一，冬季所产最佳。

（4）鲢鱼，又称白鲢、鳊鱼、苦鲢子等，为我国四大淡水养殖鱼类之一，冬季所产最佳。

（5）鲫鱼，又称鲫瓜子、刀子鱼等，是我国重要的食用鱼类，以2—4月份、8—12月份所产肉质最为肥美。品种很多，常分为银鲫、黑鲫两大品系。肉嫩味鲜，营养丰富，是家常川菜中主要食用鱼之一。烹制时蒸、煮、烧、炸、熏等均宜。

（6）鲤鱼，又称龙鱼、拐子、毛子等，是重要的养殖鱼类之一，四季均可捕捞，一般以0.5～1kg重的为好。肉质细嫩肥厚，味道鲜美。宜红烧、干烧、清蒸、熏、炸等。鲤鱼品种较多，有龙门鲤、淮河鲤、禾花鲤、荷包红鲤鱼、文芳鲤等。

（7）鳢鱼，又称乌棒、黑鱼、乌鳢等，我国除西北高原外均有分布，冬季肉质最佳。体长无鳞，稍呈圆筒状，灰黑色，有不规则花斑。肉厚刺少，味鲜美，营养价值高。宜熘、炒、烧、蒸及制糁等，如爆炒乌鱼片。

（8）黄鳝，又称长鱼、稻田鳗等，我国除西北高原外均有分布，夏季肉质最佳。肉质细嫩，味鲜美，营养丰富，含铁及维生素A，以及人体必需的多种氨基酸。宜炒、烧、煸、炖等，如干煸鳝丝、五香鳝段等。鳝鱼死后，体内组氨酸会很快转为有毒的组胺，故已死的鳝鱼不能食用。

（9）泥鳅，又称鳗尾泥鳅，我国除青藏高原外，各地淡水中均产，5—6月为最佳食用期。

（10）　　鲶鱼，又称鲇、鳀、土鲶等，分布于我国各地，是优良的食用鱼类，9—10月份肉质最佳。体长，头部平扁，尾部侧扁，口宽阔，有须两对，眼小，皮肤富黏液腺，体光滑无鳞。鲶鱼体重0.5～1kg，大的个体可达3kg。鱼肉细嫩刺少，味极鲜美。以红烧、清蒸为好，如大蒜鲶鱼、清蒸鲶鱼。

（11）鳜鱼，又称桂鱼、季花鱼、花鲫鱼、淡水老鼠斑等，鱼部侧扁，背部隆起，青黄色，具黑色斑纹，性凶猛。除青藏高原外，全国广有分布，2—3月份最为肥美。鳞多刺少，肉质细嫩，是名贵淡水鱼类。宜清蒸、红烧、干烧等。

（12）　黄颡鱼，又称黄鳍鱼、黄腊丁、黄骨鱼等，我国各地均产，为常见中小型食用鱼类。

（13）　鲟鱼，又称腊子、着甲等，分布于欧洲、亚洲和北美洲，我国有东北鲟、中华鲟和长江鲟等，现已有人工养殖。供食用的主要为俄罗斯鲟、史氏鲟等。

（14）　团头鲂，又称武昌鱼、团头鳊，原产于湖北梁子湖，现各地均有饲养。

（15）　罗非鱼，又称非洲鲫鱼、南洋鲫鱼、越南鱼等，原产于热带非洲，后传入我国，体形似鲫鱼。

（16）　平鳍鳅，民间也称为石爬鱼、石爬子，栖息于山涧急流中的小型鱼类。体扁平，一般体长 14 ～ 17cm，头大尾小；口大唇厚，有须四对，口部形成吸盘状；眼小，位于头顶；胸鳍大而阔，呈圆形吸盘状；常以扁平的腹部和口、胸的腹面附贴于石上，用匍匐的方式移动。肉质细嫩软糯，味鲜美，富含脂肪，大蒜石爬鱼是川菜中著名的菜肴。

（17）　江团，又称长吻脆、肥沱、细鱼、肥王鱼等，主产于我国长江、淮河、珠江流域，名贵食用鱼，春夏洪水期因水浑浊浮上水面觅食时被捕获。一般重 1.5 ～ 2.5kg，最大的重达 10kg。体长无鳞，背部灰色，腹部白色，吻向前显著突出，口位于腹下，唇肥厚，眼小，有须四对，一根独刺，肠粗短，多肉，脂肪丰满。肉质软糯，宜烧、蒸、熘等，清蒸为佳，如清蒸江团、百花江团。

（18）　青波，学名中华倒刺鲃，体长稍侧扁，背部呈青黑色，体侧鳞片有明显的黑色边缘，是生长速度缓慢的底栖性鱼类。肉质细嫩鲜美，人们甚为喜食。常用于烧、炒、炸等。

2. 海水鱼类

海水鱼类的肉质特点与淡水鱼有一定的差异，大多肌间刺少，肌肉富有弹性，有的鱼类肌肉呈蒜瓣状，风味浓郁。烹饪中多采用烧、蒸、炸、煎。

（1）大黄鱼，又称大黄花、大鲜，曾为我国首要经济鱼类，但现渔获量较少。

（2）小黄鱼，又称黄花鱼、小鲜，为我国首要经济鱼类。体形类似于大黄鱼。

（3）带鱼，又称刀鱼、裙带鱼、鞭鱼等。我国主要海产四大经济鱼类之一。体侧扁，呈带形；尾细长，呈鞭状；体长可达1m余；口大；鳞片退化成为体表的银白色膜。肉细刺少，营养丰富，供鲜食或加工成冻带鱼及咸干制品。宜烧、炸、煎等，如香酥带鱼。

（4）鳕鱼，又称大头鳕、石肠鱼、大头鱼等，其渔获量居世界第二位。

（5）马面鲀，又称绿鳍马面鲀、剥皮鱼、象皮鱼、马面鱼等。由于马面鲀的皮厚而韧，食用前需剥去。

（6）真鲷，又称加吉鱼、红加吉、红立，是名贵的上等食用鱼类。

（7）鲈鱼，又称花鲈、板鲈、真鲈，鱼纲鮨科动物。我国沿海均产，为常见的食用鱼类。体表银灰色，背部和背鳍上有小黑斑。

（8）石斑鱼，大中型海产鱼，名贵食用鱼。体表色彩变化多，并具条纹和斑点。种类颇多，常见的有赤点石斑鱼（俗称红斑）、青石斑、网纹石斑鱼、宝石石斑鱼等。

（9）沙丁鱼，世界重要海产经济鱼类之一，是制罐的优良原料。常见的有金色小沙丁鱼、大西洋沙丁鱼和远东拟沙丁鱼等。

3. 洄游鱼类

洄游指某些鱼类、海兽等水生动物由于环境影响、生理习性的要求等，形成的定期定向的规律性移动。

（1）河鲀，又称河豚、龟鱼等，一般体长15～35cm，体重150～350g；体无鳞或被刺鳞；体表有艳丽花纹。种类很多，主要有暗纹东方鲀、星点东方鲀、条纹东方鲀等。我国的南北部海域及鸭绿江、辽河、长江等各大河流都有产出。肉质肥腴，味极鲜美，但其卵巢、肝脏、血液、皮肤等中均含剧毒的河豚毒素，须经严格去毒处理后方可食用。

我国有关部门规定，未经去毒处理的鲜河鲀及其制品严禁在市场上出售；

对于混杂在其他鱼货中的河鲀鱼，经销者一定要挑拣出来并作适当处理。去毒后的河豚可鲜食，也可加工制成盐干品和罐头食品。

（2）鲑鱼，又称鲑鳟鱼，全世界年渔获量甚大，首要经济鱼类之一，秋季食用最佳。有些生活在淡水中，有些栖于海洋中，在生殖季节溯河产卵，作长距离洄游。在我国，主要种类有大马哈鱼、哲罗鱼和细鳞鱼等。

（3）鲥鱼，又称时鱼、三黎，名贵食用鱼。镇江所产最佳，端午节前后最为肥美。平时生活于海中，生殖期进入河口，溯河而上到支流和湖泊中繁殖。初入江时，丰腴肥硕，含脂量高，鳞片下也富含脂肪，烹制时脂肪溶于肌肉中，增加肉的鲜香，所以，鲥鱼初加工时不去鳞。烹饪中适于清蒸、清炖和红烧，如清蒸鲥鱼、酒酿蒸鲥鱼。

（4）银鱼，分布于我国、日本和朝鲜。体细长，透明。常见的有大银鱼、太湖新银鱼、间银鱼。

（5）鳗鲡，又称青鳝、白鳝、河鳗等，分布于我国、朝鲜和日本。身体细长，最长可达1.3m；鳞片细小，埋没在皮肤下。平时生活于淡水中，产卵时进入深海。

4. 其他水产品

（1）墨鱼，学名乌贼。体呈袋形，背腹略扁平，头部发达，眼大，触角八对，其中一对与体同长。肉质嫩脆，味鲜美，营养价值较高，为我国海产四大经济鱼类之一。供鲜食或制成冻墨鱼、干墨鱼，常用于烧、煸、炒、炖、烩等。

（2）鱿鱼，与墨鱼极为相似，多用于炒、爆、煸等。

（3）虾类，虾含有丰富的蛋白质、脂肪和各种矿物质，味道鲜美。常用的主要有基围虾、对虾、青虾、龙虾等。

基围虾是基围（堤坝）里养殖的天然麻虾。主产于广东、福建一带。基围虾体长而肉多，肉爽嫩结实，肥而鲜美，但略有腥味。

对虾产于沿海地区，体大肉肥，味极鲜美，近年来已成为宴席、便餐的重要原料，多用于蒸、煮、焖、炸等。以它为原料的名菜有油焖大虾、软炸虾糕等。

青虾产于河、湖、塘中，个头远比海虾小，多呈青绿色，带有棕色斑纹，所以称为青虾，烹熟后为红色。青虾肉脆嫩而鲜美，多用于炒、爆、炸、熘、煮或作配料。以青虾为主料的菜肴有油爆青虾、干烧虾仁等。

龙虾是虾类中最大的一族，体长 20 ～ 40cm，一般重约 500g，大者可达 3 ～ 5kg。色鲜艳，常有美丽的斑纹。龙虾体大肉厚，味鲜美，是名贵的海产品。

牛头虾也俗称“龙虾”，是近年来引进鱼塘养殖的，色红黑，个大。剥取的虾仁宜蒸、烧、炒、爆。盐煮（可放入少量香料）牛头虾是群众十分喜爱的经济实惠而又味美的小吃。

（4）蟹类，分淡水蟹、海蟹两大类，含有丰富的蛋白质、脂肪和矿物质。雌蟹的腹部为圆形，称为“圆脐”；雄蟹的腹部为三角形，称为“尖脐”海蟹盛产于 4—10 月份，淡水蟹盛产于 9—10 月份。繁殖季节，雌蟹的消化腺和发达的卵巢合称为蟹黄，雄蟹发达的生殖腺称为脂膏，二者均为名贵而美味的原料。蟹肉味鲜，蟹黄尤佳。蟹肉内常寄生一种肺吸虫，人食后会寄生于人的肺，影响人体健康，重者致命，所以未熟透的蟹不能吃。螃蟹死后有毒，不能吃死蟹。

中华绒螯蟹，又称河蟹、毛蟹、清水大闸蟹等，江苏常熟阳澄湖所产最著名。螯足强大，密生绒毛。

三疣梭子蟹，又称梭子蟹、海蟹等，是我国海产量最多的蟹类。

锯缘青蟹，又称膏蟹、青蟹，浙江以南沿海均有分布，是重要的海产蟹。

（5）鳖，俗称甲鱼、团鱼、足鱼。背部有骨质甲壳，鳖骨较软（不及龟壳坚硬），肉多细嫩，味鲜美。富含易为人体吸收的高质量蛋白质与胶质，有补血益气的功能。宜红烧、清蒸、清炖等，有红烧团鱼、霸王别姬等菜肴。

（6）龟，俗称乌龟，是玳瑁、金龟、水龟、象龟等的统称，是现存最古老的爬行动物之一。背部有硬甲，头、尾及四肢通常能缩回龟甲内。龟多群居，常栖息于川泽湖池中，全年均可捕捉，秋冬为多。龟肉质地较好，营养丰富，烹饪中常烧、蒸、炖，如清蒸龟肉。

（7）鲍鱼，分布于中国、日本、澳洲、新西兰、南非、墨西哥、美国、加拿大和中东等国家和地区。以日本、南非所产的鲍鱼为最佳。足部肥厚，是主要的食用部分。

按产地可分为澳洲鲍、日本网鲍等。

按商品分类有紫鲍、明鲍、灰鲍。紫鲍个大、色泽紫、质好；明鲍个大、色黄而透明、质好；灰鲍个小、色灰暗、不透明，表面有白霜，质差。

按大小如每斤鲍鱼的数量来分，有两头鲍、三头鲍、五头鲍、二十头鲍等。民间有“千金难买两头鲍”之谚。

（8）田螺，分布于华北平原和黄河、长江流域等地。

（9）蛤蜊，我国常见的有文蛤、四角蛤媚、西施舌等。我国沿海均有分布，主要分布于浅海泥沙中，是常见的经济海产之一。

（10） 扇贝，广泛分布于世界各海域，是我国沿海主要养殖贝类之一，属海产双壳类软体动物。壳扇形，但蝶铰线直，蝶铰的两端有翼状突出。大小为2.5～15cm。壳光滑，颜色从鲜红、紫、橙、黄到白色均有。扇贝闭壳肌肉色洁白、质细嫩、味道鲜美、营养丰富，与海参、鲍鱼齐名，并列为海味中的三大珍品。闭壳肌干制后即是“干贝”，被列入八珍。世界上出产的扇贝共有60多个品种，我国约占一半。常见的扇贝养殖种类有栉孔扇贝、海湾扇贝和虾夷扇贝。我国山东省石岛稍北的东楮岛和渤海的长山岛两个地方出产的扇贝最有名。新鲜扇贝、日月贝和江瑶中取下来的闭壳肌称为“鲜贝”。

（11） 青蛏，是我国福建、浙江主要养殖贝类，壳呈长形，生长线显著，壳面黄绿，但常被磨损脱落而呈白色。

（12） 蚶，我国沿海均有分布，主要分布于潮间带或浅海泥沙中。常见的有泥蚶、毛蚶、魁蚶。

（13） 海笋，又称象拔蚌、象鼻子蛤、凿石贝、穿石贝等，主产于北美洲的深海，我国沿海均产。外形似象鼻，为大型种类。主要有大沽全海笋、东方海笋等。

（14） 河蚌，为瓣鳃纲蚌科动物的统称。我国各地河流、湖泊、池塘中均有分布。

（15） 牡蛎，又称蚝，我国产于黄海、渤海至南沙群岛，壳形不规则，大而厚重，无足及足丝。

（16） 海参，在世界各地的海洋中都有分布。有食用价值的只有40多种，其中我国有20多种，南海中较多。分为刺参、光参两大类。

刺参类又有以下四种：

梅花参，又称凤梨参、海花参，为刺参科动物，是我国南海所产的品质最佳的一种食用海参。梅花参是海参中个头最大的一种，每 3 ～ 11 个肉刺的基部相连，呈梅花状。

灰刺参，又称仿刺参、刺参、辽参，产于我国北部沿海。有 4 ～ 6 行肉刺；刺参体壁厚而软糯，富于胶质，是食用海参中质量最好的品种。

花刺参，又称黄肉参、方参、白刺参，产于我国北部湾、西沙、南沙、海南等。体稍呈方柱状。

绿刺参，又称方刺参、方柱参，产于我国西沙群岛和海南南部。体呈四方柱形。

（二）水产品原料的初加工

水产品的种类很多，初加工的方法各有不同，总的来说，主要是体表处理、去鳃、剖腹洗涤、出肉，在一些高档鱼类菜肴中还要求整料出骨。我们主要以鱼类为例介绍水产品的初加工。

1. 体表处理

（1）刮鳞去鳃。绝大多数种类的鱼都要刮鳞，鳞要倒刮。有些鱼背鳍和尾鳍非常尖硬，应先斩去或剪去。但有少数鱼如鲥鱼的鳍含有丰富的脂肪，味道鲜美，应保留。鲫鱼的肚下有一块硬鳞，初加工时必须割除，否则腥气较重。去鳃一般用剪刀剪或用刀挖出。

（2）去皮。有些鱼皮很粗糙，颜色发黑，影响菜肴美观，如比目鱼、马面鱼、塌板鱼等，一般先刮去颜色不黑的一面的鳞片，再从头部开一刀口，将皮剥掉。黄鱼也要剥去头盖皮。

（3）去黏液。鱼类原料体表有较发达的黏液腺，分泌的黏液有较浓的腥味，一般需要去掉。去黏液的方法有：①浸烫法，一般将原料放入 60℃～ 90℃热水中浸烫，待黏液凝固后用清水冲洗干净即可；②揉搓法，将原料放入盆中，加盐、醋等反复揉搓，待黏液起泡沫后再用清水冲洗干净即可。

2. 开膛去内脏

鱼类剖腹取内脏通常有下面三种方式：

（1）腹出法，用刀在肛门与胸鳍之间划开，取出内脏。此法多用于不需要太注意保形的菜肴，如干烧鱼、豆瓣鱼等。

（2）腮出法，为了保持鱼身的完整，如鳜鱼、鳗鱼等，可在肛门正中开一横刀，在此处先把鱼肠割断，再用两根竹条或竹筷从鱼鳃处插入腹内，卷出内脏。此法多用于叉烤鱼。

（3）背出法，用刀贴着脊背将鱼肉片开，取出内脏。此种方法多用于清蒸鱼。

淡水鱼类剖腹时注意不要弄破苦胆。如果不慎弄破苦胆，要立即用酒、小苏打或醋等涂抹在胆汁污染过的部位，再用清水冲洗。

部分种类的鱼腹内有一层黑膜，腥味很浓，初加工时应将其去尽。

3. 清洗

鱼体用清水冲洗干净，去尽血水和黑膜。软体水产品如墨鱼应先刺破眼睛，去除眼球，然后剥去外皮、背骨，洗净备用。

第四节　干货原料及其初加工工艺

干货原料是指经加工、脱水干制的动植物原料，一般经过风干、晒干、烘干、炝干或盐腌而成。干货原料便于运输和储存，能增添特殊风味，丰富原料品种。和新鲜原料相比，干货原料具有干、老、硬、韧等特点，因此，绝大多数干货原料需经过涨发加工处理才能制作成菜。

干货原料根据生物学的分类，可分为动物性干货原料和植物性干货原料。

一、动物性干货原料及其初加工工艺

（一）鱼翅及其初加工工艺

鱼翅是一种名贵海味，由大中型鲨鱼的背鳍、胸鳍和尾鳍等干制而成。根据加工的情况，可分为未加工去皮、骨、肉的生翅，已加工去皮、骨、肉的净翅，用净翅加工抽筋丝的翅针，以翅针压成饼状的翅饼等。鱼翅的主要食用部位是状若粉丝的翅筋，其中含有 80% 左右蛋白质及脂肪、碳水化合物、矿物质等。所含蛋白质属不完全蛋白质，不能完全被人体消化吸收。

鱼翅主要采用水发，在水中反复浸泡、煮焖、浸漂。因为鱼翅品种较多，老嫩、厚薄、咸淡不一，故涨发加工也有差别。

净翅和翅饼用煮焖或蒸发方法涨发，粗长质老者涨发 3 ～ 4 小时，细短质嫩者涨发约 2 小时，然后用鲜汤浸泡入味即可。

鱼翅适用于烧、烩、蒸及制作汤菜，如鸡丝鱼翅、干烧鱼翅。

（二）鱼皮、鱼唇及其初加工工艺

鱼皮是由鲨鱼等海鱼的皮加工制成的，以雄鱼皮为好，体块厚大，富含胶质和脂肪。鱼唇是由鲨鱼唇部周围软骨组织连皮切下干制而成，富含胶质。

鱼皮、鱼唇多采用水发：先用 80℃的水浸泡 30 分钟，涨发回软后刮去泥沙和黑皮，修去黄肉，用清水浸泡约 2 小时，至能掐动时取出即可。

鱼皮、鱼唇多用于烧、烩等，如白汁鱼唇、家常鱼唇、红烧鱼皮。

（三）干海参及其初加工工艺

海参种类很多，主要是干制品，涨发时要根据原料的品种、质量、成菜要求选择恰当的涨发方法。刺参多采用水发，无刺参可采用水发、盐发、碱发、火燎发等方法进行涨发。

水发：将海参放入盆内，倒入热水浸泡 12 小时使之回软，然后用小刀把海参肚子划开，取出肠肚，洗净，换清水放在火上煮沸，小火焖煮约 1 小时，再换水焖煮，重复几次，待海参柔软、光滑、有韧性，放入清水中浸泡即可。此种涨发多用于小刺参、灰刺参等。

火燎发：将海参放于明火上烧至外皮焦枯，放进温水中浸泡回软，用小刀刮去焦皮露出褐色，剖腹去肠肚，然后反复焖煮将海参发透。火燎发多用于大乌参、乌参、岩参等的涨发。

无论采用哪种涨发方法，都应注意以下两点：

第一，涨发海参的过程中，不能沾油、盐、碱等。如水中有油，海参容易腐烂溶化；水中有盐、碱则不易发透。

第二，去肠肚时，不能把海参腹内的一层腹膜碰破，否则涨发时容易烂；烹制前，需用清水洗掉腹膜。

海参一般可烧、烩及制作汤菜等，如白汁辽参、家常海参。

（四）燕窝及其初加工工艺

燕窝又称燕菜，是金丝燕属几种燕类的唾液混绒羽、纤细海藻、柔弱植物纤维凝结于崖洞等处所产的巢窝，印度、马来群岛一带以及我国海南、浙江、福建沿海均有出产。燕窝富含蛋白质及磷、钙、铁等。食用燕窝以带血丝的血燕为最佳；洁白、透明、囊厚、涨发性强的白窝亦佳；色带黄灰、囊薄、涨发性不强的毛燕质量最次。燕窝历来被视为滋补食品，涨发多采用水发和碱发等方法。

水发：将燕窝用冷水浸泡 2 小时，捞出放入白色盘中，用镊子夹去羽毛和杂质，焖泡约 30 分钟至软糯时捞出，冷水浸泡待用。因其在烹调过程中还有煨煮过程，故泡发时不可发足。

碱发：将燕窝用清水泡软，捞出放入白色盘中，用镊子夹去羽毛和杂质，再用清水漂洗 2 ～ 3 次，保持其形态完整；使用前将 50g 燕窝用 1.5g 碱拌和，至燕窝涨起，体积膨大到原来体积的 3 倍左右、柔软发涩、一掐便断时，用清水漂尽碱味即可。

燕窝多用于高级宴席，可以制作清汤燕菜、芙蓉燕菜及燕窝粥等。

（五）蹄筋及其初加工工艺

蹄筋通常是由猪蹄筋、牛蹄筋干制而成，后脚抽出的筋长而粗，质量较好。蹄筋主要是由胶原蛋白和弹性蛋白组成的，营养价值并不高，但富含胶质、质地柔软，有助于伤口愈合。多采用油发方法涨发，也可以采用水发、盐发等方法。

油发：将蹄筋用干净毛巾擦干净后放入温度不高于 110℃的冷油锅内浸泡，让蹄筋慢慢收缩；约 30 分钟后其表面均匀布满小泡并浮于油面上时，捞出；再升高油温至 180℃，放入蹄筋涨发至饱满松泡、呈稳定状态时捞出。使用前将其放入碱水中洗去油腻并使之回软，再换清水漂洗干净即可。

水发：先将蹄筋用沸水浸泡，撕去表面的筋皮，再多次换水并下锅小火焖煮，直到回软时捞出，用水泡上。

盐发：先将食盐炒干水分，然后下蹄筋快速翻炒，待蹄筋开始涨大时，再不断焖、炒，直到蹄筋能掐断时，取出用热水反复漂洗干净。

蹄筋宜烧、烩等，如酸辣蹄筋、臊子蹄筋。

二、植物性干货原料及其初加工工艺

（一）玉兰片及其初加工工艺

玉兰片又称兰片，是由楠竹（毛竹）刚出土或尚未出土的嫩茎芽经煮制烘干而成。楠竹（毛竹）的嫩茎芽，冬季在土中已肥大而采掘者称冬笋；春季芽向上生长，突出地面者称为春笋；夏秋间芽横向生长者称为新鞭，其先端的幼嫩部分称为鞭笋。由此，玉兰片可分为：冬尖，由冬笋尖端干制而成，质地细嫩，为最上品；冬片，冬至前后出土的冬笋对开干制而成，鲜嫩洁净，肉厚篼小，亦为上品；桃片，春笋制成，肉厚，质紧且嫩，春分前产者质量较好；春片，春分至清明间采掘的笋干制而成，质较老，纤维多，肉薄而不坚实；挂笋，清明后采掘干制，肉质厚，根部有老茎，品质差。

多采用水发，涨发时将玉兰片放入温水中浸泡十几个小时，泡去黄色，柔软后换清水煮沸，熄火焖泡 5 ～ 10 小时即可使用。玉兰片多用作各种菜肴的配料，有时也可作菜肴主料。

（二）木耳及其初加工工艺

木耳又称黑木耳、耳子，是寄生在朽木上的菌类，采集晾干而成。营养丰富，具有补血、润肺、益气强身的功效，被誉为“素中之荤”。木耳多采用水发，先将原料放入清水中浸泡（冬天用温水，夏天用凉水）2 ～ 3 小时，发透后，除去木屑等杂质、摘去耳根，再用清水反复漂洗，最后放入凉水中浸泡待用。涨发后质地柔软，清脆爽口，富含胶质，可炒、拌、做汤等，如锅巴肉片、鱼香碎滑肉、山椒木耳等。

（三）香菇及其初加工工艺

香菇亦称香蕈、冬菇，以形状如伞，顶面有似菊花样的白色裂纹，朵小质嫩，肉厚柄短，色泽黄褐光润，有芳香气味称作芳菇的为上品 p 肉厚而朵稍大的称厚菇，质量稍次；朵大顶平肉薄的称薄菇，质量最差。香菇味鲜而香，有抗癌作用。多采用沸水泡发的涨发方法，涨发时用沸水泡 2 ～ 3 小时，发透后，剪去菇柄，用清水反复洗净泥沙等杂质，再用澄清的原汤浸泡。可用于烧、炖、炒等，如香菇炖鸡。

第三章　烹饪的工艺技术研究

第一节　烹饪刀工技术与食品雕刻技术

一、烹饪刀工技术

（一）刀工

“在我国，饮食文化在我国有着漫长的历史，而厨艺是我国悠久文化的一部分，特别是厨艺当中的刀工技巧，它已经深深的融入到我国的文化和历史当中，在我国群众的生活当中有着非常重要的影响。”[①] 刀工是根据烹调和食用的要求，运用不同的刀法，将烹调原料加工成一定形状的操作过程。烹调原料种类繁多，性质各异。不经刀工处理，就不便于烹调；有的虽能烹调，却又不便于食用。要想便于烹调，便于食用，就必须经过刀工处理。

此外，由于人们在用餐过程中，不仅要满足物质享受的需要，而且要满足精神享受即美的享受的需要，所以要求烹调技术人员加工时，还要注意美化原料的形态，使制成的菜肴不仅美味可口，而且形象悦目。所以说，刀工是烹调技术不可缺少的重要组成部分，也是整个烹调过程中的重要工序之一。

1. 刀工的基本要求

（1）适应烹调需要。除了有些菜肴是在烹调后进行刀工处理外，刀工一般是在烹调前做准备的一道工序。例如，氽、爆等烹调方法所采用的火力较大，

---

① 苏卫东 . 对于烹饪刀工技能的探讨 [J]. 城市建设理论研究（电子版），2011（15）（15）.

烹制的时间较短，成品要求脆、嫩、鲜美，原料薄小一些比较适宜；如果原料的形状过分厚大，就不易入味和成熟。而炖、焖等烹调方法所采用的火力较小，烹制的时间也较长，成品要求酥烂味透，原料厚大一些比较适宜；如果原料的形状过分薄小，就容易碎烂甚至成糊状。再如以烧、烤等烹调方法烹制的菜肴，如烤鸭、烤猪、叉烧等，则需要形状完整的整只、整块的原料。只有根据原料的不同性质和烹调的不同需要来进行加工，同时，在烹调时掌握好火候，才能使烹制的菜肴符合色、香、味、形、质、养俱佳的要求。

（2）经过刀工处理的原料要整齐、均匀、利落、经过刀工处理的原料，必须整齐划一，粗细薄厚均匀没有连刀现象。否则，不但会影响成品的美观，而且还会造成熟度不一致。

要实现上述要求，必须注意：①刀刃无缺口，且随时保持锋利；②墩面要平正，切忌凹凸不平；③落刀时用力要均匀，切勿前重后轻，先用力后松劲。

（3）经过刀工处理的原料应有助于美化菜肴形状。菜肴原料的形状，大多要借助于刀工体现。一份菜肴往往由主料、配料搭配而成。刀工处理时要考虑到各种原料在形状上的配合，突出其形态美。例如，主料形状是片或丝，配料一般也应采用相应的形状，只是比主料略小一些，这样才能使主料、配料的形状和谐一致，并且突出主料。

（4）合理使用原料，达到物尽其用。合理使用原料，是整个烹饪工作的一条重要原则，刀工更应遵循。主要应掌握“计划用料，合理搭配，大材大用，小材小用”的方针。特别是将大料改小时，落刀前要心中有数，务使各档原料都能得到充分利用。

（5）符合卫生要求，力求保持营养。从原料的选择到工具、用具的使用，都要做到清洁卫生，生熟隔离，不污染，不串味。对原料中所含有的营养素要尽量保持，避免因加工不当而丢失或相互影响。

2. 刀工的主要作用

“刀工技术是厨师的基本功之一，是从事烹饪工作必须精通的一门技能，是使烹饪从技术走向艺术的重要基础。”[①] 刀工不仅能决定原料的形状，而且

① 刘巍．浅谈烹饪刀工技术的掌握与几种练习方法［J］．黑龙江科技信息，2012（22）：54.

对菜肴具有多方面的作用，主要如下：

（1）便于食用。大块的整料对食用是不方便的，例如，在烹调原料中，整只的猪、牛、羊、鸡、鸭、鹅等，如果不经刀工而直接烹调，食用时就很不方便，而经过去皮、剔骨、分档、斩块、切片等刀工处理后再烹调，就便于食用了。

（2）便于烹调。烹调原料品种繁多，性质各异，烹调方法多样，操作特点各不相同。经刀工因料制宜处理，就便于烹调了。例如，鱼肉鲜嫩，加工成片时适当厚一些，烹调时就不至于破碎。反之，加工猪肉片时就要薄一些，而且还要顶丝切，将肌肉的纤维切断，这样，烹调时用火时间短、成熟快，且能保持鲜嫩。

（3）便于入味。整块大料在烹制时，调味品的滋味不易渗入。通过刀工处理，将大改小或在原料表面剞上刀纹，在烹调时就可以使原料成熟快，入味深。

（4）增进菜肴美感。原料经过刀工处理后，就具有多种多样的形态，从而使烹制出来的菜肴更加美观。

3. 刀工的基本操作

（1）操作要求。刀工是比较细致而且劳动强度较大的手工操作，需要有较持久的体力；所使用的工具又多是利器，偶一不慎，就会发生刀伤事故。根据这些特点，刀工的操作要求是：①平时注意锻炼身体，要有健康的体格和耐久的臂力、腕力；②操作时思想要集中，注意安全；③熟练掌握各种刀法，并能正确运用；④注意饮食卫生，对生熟原料要分墩、分刀操作；⑤有正确的操作姿势。

（2）用刀方法。用刀的基本方法是右手持刀，以拇指与食指捏住刀箍，全手握住刀柄。握刀时手腕要灵活而有力。左手控制原料，随刀的起落而均匀地向后移动。刀的起落高度一般刀刃不能超过手指的中节。总之，左手持物要稳，右手落刀要准，两手的配合要紧密而有节奏。

（3）基本操作姿势。刀工的基本操作姿势，主要从既能方便操作，有利于提高工作效率，又能减少疲劳，有利于身体健康等方面来考虑。一般情况下，操作时，两脚自然分立站稳，上身略向前倾，前胸稍挺，不要弯腰屈背；目光注视菜墩上面手操作的部分，身体与菜墩应保持一定的距离；菜墩放置的高度应以便于操作为准。至于手腕的动作，两手的配合，耐久的臂力与腕力及持久的体力等方面，主要是靠不断锻炼和练习来达到。

（二）刀法

刀法，是指将烹调原料加工成一定形态时所采用的各种不同的运刀技法。只有熟练地掌握和运用各种刀法，才能使刀工达到准、快、巧、美的要求。刀法是我国历代厨师在长期的实践中根据原料的形状、性能以及烹调的要求逐步探索积累而形成的。随着烹调技术的不断发展和提高，刀法也将不断改进。通过学习，不但要求正确地掌握和运用各种刀法，而且要求在技巧熟练的基础上不断丰富其内容和提高技术水平。

刀法的种类很多，各地方的刀法名称和操作要求虽有差异，但基本要求是一致的。根据刀刃与菜墩或原料接触的角度可分为直刀法、平刀法、斜刀法、其他刀法等。常用的具体刀法有：切、片、剁、剞等。

1. 直刀法

直刀法，是指刀刃与砧墩或原料接触面成直角的刀法。分为切、剁、砍等。

（1）切。一般用于无骨的原料。操作要领是将刀对准原料，由上而下地切下去。由于无骨的原料也有老、嫩、脆、韧的区别，故在切时又有许多不同，具体如下：

第一，直切（又叫跳切），这种方法一般用于加工脆性原料，如莴苣、黄瓜、萝卜、白菜等，要领是，左手按稳原料，右手持刀，一刀一刀笔直地切下去。

第二，推切，一般用于比较薄小的原料。这些原料如用直切刀法容易破碎散裂。推切的操作方法是：刀刃垂直向下，由里向外推切下去，着力点在刀的后端。一刀推到底，不再拉回来。切熟肉、豆腐、百页肉丝等都适宜用推切法。

第三，拉切。这种刀法一般用于切质地坚韧的原料。拉切的操作方法是刀刃垂直向下，由外向里拉，刀的着力点在前端，例如，切肉片，往往叫拉肉片。有时拉切与剁结合运用，先直剁再向里拉切，也叫剁拉切，如切鸡丝。

第四，锯切（又叫推拉切）。适用于切质地松散的原料。例如，切涮羊肉、回锅肉、火腿、面包等。锯切的操作方法是先将刀向前推，然后再向后拉，这样一推一拉，像拉锯一样地切下去。

第五，铡切。铡切有两种切法：①切时右手握住刀柄，并使刀柄高于刀的前端，左手按住刀背前端使之着墩，并将刀刃的前部按在原料上，然后对准要切的部位用力向下压切下去；②右手握住刀柄，将刀放在原料要切的部位上，左手握住刀背前端，两手交替用力压切下去。

第六，滚切。滚切不是刀滚切，而是原料滚动，所以也叫滚料切。每切一刀，将原料滚动一次，然后再切再滚动，主要在把圆形或锥形的质地脆的原料切成“滚料块”时使用，如切萝卜、土豆、山药、胡萝卜、笋等。

以上是切的几种方法，要真正熟练地运用这些方法，平时就要刻苦学习，练习的方法很多，在不用原料的情况下，可以用左手按在墩上，和持物姿势一样，右手中指指背抵住刀面，右手持刀，随着左手的后移，一刀一刀切下去，也可在墩面上垫上纸条，观察刀距离是否均匀。此外在切原料时，还要根据原料的性质、纤维纹路而采取顺切、横切、斜切等不同的切法。

（2）剁（又叫斩）。剁是将无骨的原料制成泥茸的一种刀法，主要用于制馅和丸子等，有单刀剁和双刀剁两种。为了提高工作效率，通常左右两手各持一刀同时操作，这种剁法也叫排剁，而单刀剁也叫作直剁。

第一，排剁。一般适用于将无骨软性的原料加工成泥茸状。两刀之间要间隔一定的距离。操作时两刀一上一下，从左到右、从右到左地反复排剁，每剁一遍要翻动一次原料，直至原料剁成细而均匀的泥茸，如遇天冷，可以将刀放在温水中浸一浸再剁以免粘刀。

第二，直剁。一般适用于较硬而带骨的原料。剁时左手抓住原料，右手将刀对准要剁的部位，用力直剁下去。要一刀剁断，才能保持原料整齐。若再复剁第二刀，就很难照原来的刀口剁下去，这样不仅影响原料形状整齐，而且可能使原料带有一些碎肉碎骨，影响菜肴质量。因此，直剁要准而有力，一刀剁到底。

（3）砍。砍通常用于加工带骨的或者是质地坚硬的原料。砍的操作方法是：右手紧握刀柄，对准要砍的部位，用力砍下去。砍有直砍、跟刀砍、开片砍等。

第一，直砍。将刀对准原料要砍的部位用力向下直砍，多用于带骨的肉类。直砍刀法的要求是：①要用臂膀的力，这与主要用腕力的切不同，用的力要比切大；②原料要放平稳，左手持料应离落刀点远一些，以防砍伤；③砍时要把刀柄握紧，最好一刀砍断。

第二，跟刀砍。凡一次砍不断，须连砍数刀方能砍断的，叫跟刀砍。跟刀砍的操作方法是：对准原料要砍的部位先直砍一刀，让刀嵌进原料要砍的部位，然后左手扶住原料，随着右手上下起落直至砍断原料。砍时，刀必须牢稳地钳在原料上，不能使其脱落，否则容易发生砍空或伤手等事故。

第三，开片砍。这种砍法一般用于整只的猪、羊等原料。砍时将整只猪、羊后腿分开吊起来，先用刀在臀部，从尾至头将肉割到骨头，然后顺脊骨开片砍到底，使其分为两半。

2. 平刀法

平刀法是刀面与墩面接近平行的一种刀法，一般用于无骨的原料，可分为推刀片、拉刀片、平刀片、抖刀片。其操作方法是将刀平着或略微斜着向原料片进去，而不是从上而下地切入。

（1）推刀片。这种片法一般适用于加工较脆的原料，如片菱白、冬笋、榨菜等。推刀片的操作方法是：左手按稳原料，右手执刀，放平刀身，使刀面与墩面接近平行，然后由里向外将刀刃推入原料，推刀片的要求是：①按原料的左手不能按得太重，以使原料在片时不致移动为度，随着刀刃的推进，左手手指可稍翘起；②按住原料的左手，其食指与中指应分开一些，以便观察原料的厚薄是否符合要求。

（2）拉刀片。这种片法一般适用于略带韧性的原料，如片肉片、鸡片等。拉刀片的操作方法是：左手按稳原料，右手执刀，放平刀身，使刀面与墩面接近平行，刀刃片进原料后不是向外推，而是向里拉进去，拉刀片的要求基本与推刀片相同，不同之处只是刀在片进原料后的运动方向与后者相反。

（3）平刀片。适用于无骨的软性原料，如豆腐、肉冻熟猪血等。平刀片是将刀身放平，使刀面与墩面几乎完全平行，一刀片到底的一种刀法。平行片的要求是：①刀的前端要紧贴墩的表面，刀的后端略微提高，以控制所需要的厚薄；②刀刃要锋利，先将刀慢慢推入原料，再一刀片到底。

（4）抖刀片。适用于柔软而带脆性的原料，如片瓦楞、腰子等。抖刀片的

方法是左手按稳原料，右手执刀，刀刃吃进原料后将刀前后移动，同时上下均匀抖动，使刀在原料内波浪式地进直至抖片到底。抖刀片的作用是美化原料的形状。

3. 斜刀法

斜刀法是刀面与墩面呈小于 90° 角的一种刀法。有斜刀片和反刀片两种。

（1）斜刀片。一般适用于软质、脆性或韧性而体形较小的无骨原料，如片鸡片、肉片、腰片、鱼片、肚片和片白菜等都可以采用。斜刀片的操作方法是：用左手手指按稳原料左端，右手持刀，刀面呈倾斜状，片时刀背高于刀口，使刀刃以原料表面靠近左手的部位向左下方运动，斜着片入原料。

（2）反刀片。这种片法一般适用于脆性的原料。反刀片的操作方法是：刀背向里，刀刃向外，刀身微呈倾斜状，刀吃进原料后由里向外运动。反刀片的要求是：左手按稳原料，并以左手中指上部的关节抵住刀身，右手持刀，使刀紧贴着左手中指的关节片进原料，左手向后移动时其间隔应基本相同，以使片下来的原料大小厚薄一致。

4. 混合刀法

所谓混合刀法，就是直刀法和斜刀法两者混合使用，也就是剞，又称花刀。剞主要用于韧中带脆的原料，如家畜的腰、肚、家禽的肫、肝，以及鱿鱼、乌鱼和整尾的鱼等，剞的作用是：①使原料易于入味；②使原料易于成熟而保持脆嫩；③可使原料在加热后形成各种花纹。剞的过程一般是先片后切。片的刀纹要深浅一致，距离相等，整齐均匀，互相对称。由于剞法不同，加热后所形成的形态也不一样，这也就是刀工的美化。

刀工美化一般使用混合刀法，在原料表面剞一些有相当深度的刀纹，经过加热后使它们卷曲成各种不同的美丽形状，以下为常见的花刀类型：

（1）麦穗形花刀。先用斜刀法在原料上剞上一条条平行的刀纹，再转一个角度，用直刀法剞成一条条与斜刀纹相交直角的平行刀纹，然后切成长条，加热后就卷曲成麦穗的形状。

（2）荔枝形花刀。剞法与麦穗花刀相同，只是原料形状成象眼块，加热后即卷曲成荔枝形状。

（3）梳子花刀。先用直刀剞出刀纹，再把原料横过来切成片，烹熟后像梳子形状。这种刀法多用于质地较硬的原料。

（4）蓑衣形花刀。在原料的一面剞麦穗花刀那样剞一遍，再把原料翻过来，再用推刀法剞一遍，其刀法与正面斜十字刀纹呈交叉状。两面的刀纹深度约为原料厚度的五分之四，再将原料改刀成3厘米见方的块，经过这样加工的原料提起来两面通孔，呈蓑衣状。

（5）菊花形花刀。先将原料的一端切成一条条平行的薄片（并不切到底），深度约为原料厚度五分之四，另一端五分之一连着不断，然后再垂直向下切。使原料厚度的五分之四呈丝条状，厚度的五分之一仍然相连而成块状，加热后即卷曲成菊花状。

（6）卷形花刀。将原料的一面剞上十字花刀，其深度为原料厚度的三分之二，然后改成长方块，加热后成卷形。这种刀法一般使用于脆性原料，如鱿鱼、乌鱼等。

（7）柳叶形花刀。这种刀法一般用于剞鱼，先在全身中央，从头至尾顺长剞一刀纹，并以这一刀纹为中线在两连斜顺着剞上距离相等的刀纹，即成柳树叶状。

（8）球形花刀。将原料切或片成厚片，再在原料的一面剞上十字花刀，刀距要密一些，深度为原料的三分之二，然后改为正方块或圆块，加热后即卷曲成球状。此种刀法一般适用于脆性或韧性原料。

（9）蜈蚣形花刀。常以猪黄管为原料，先将猪黄管洗净，放入水锅中煮透，捞出撕去油筋用筷子翻过来，放入汤锅氽透，捞出。然后用直刀法每隔一分剖一刀，而后每隔一格对角斜剞一刀，切至原料二分之一处，即成蜈蚣形。

二、食品雕刻技术

（一）食品雕刻的意义

食品雕刻，是将某些烹饪原料用特殊刀具、刀法雕刻成花卉、虫鸟等具体形象的一门雕刻艺术。食品雕刻是在食用原料范围内进行的，属于艺术雕刻范畴，它与石雕、玉雕、木刻等有着共同的美术原理。食品雕刻的目的是：装饰菜肴，

美化宴席，增加菜肴色、形的感染力，诱人食欲，给人以高雅优美的享受。目前这门技艺得到了广泛的应用，深受广大食用者的欢迎和喜爱，已发展成为我国烹饪技术中不可缺少的一个组成部分。

食品雕刻是我国烹饪技术中一项宝贵的遗产，它是在石雕、木刻等雕刻的基础上逐步形成和发展起来的，也是劳动人民在长期实践中创造出来的一门餐桌上的艺术。近年来，随着我国国际地位的提高，人民生活日益丰富，旅游事业空前兴旺，加之食品雕刻技艺的良好影响，使这门技艺才得以迅速发展和普遍应用，而且艺术性越来越高，品种花样更加丰富多彩了。中国菜已驰名中外，而当今中国的食品雕刻也在国际上享有很高的声誉，使很多国外友人赞叹不已。用发展眼光看，食品雕刻这门技艺有着广阔的前景。

（二）食品雕刻的特点

食品雕刻是烹饪技术与造型艺术的结合，是一项非常精细的操作技术，具有较高的艺术性，其主要特点如下：

第一，构思的形象适应饮食习俗，富有生活情趣雕刻的实物形象，一般都是从正面去表现，给人以欢快、赏心悦目的形象，从而达到装饰菜肴，美化宴席的目的。

第二，雕刻的原料大多选用含水分多，脆性，具有天然色彩的瓜果、蔬菜类。这些原料既取材方便、价格低廉，又易于雕刻，具有烹调特色。但是这类原料容易腐烂变质和萎缩，不宜久藏，在雕刻使用中都要采取有效措施，尽量延长使用时间和保持雕刻成品的形象。

第三，雕刻的刀具特殊，与一般的冷热菜切配工具和操作方法有着明显的区别。这些刀具一般都具有轻薄锋利小巧灵便的特点，有的还需厨师根据雕刻需要自行设计制造。

第四，雕刻成形的品种大体可分为两大类：①专供欣赏而不作食用；②既供欣赏又可食用。但由于雕刻成品欣赏价值高，很少有人去食用。

（三）食品雕刻的工具

食品雕刻的工具，统称为雕刻刀。品种繁多，形态、大小各有差异，有些是由厨师根据需要自己设计制造或购买的，没有统一的标准和规格。目前虽有专业生产厂家开始生产，一时也难以实现标准化。从使用范围上，大体可把刀具分为刻刀和模型刀两大类。

雕刻刀小巧玲珑，使用方便，用途广泛，技术性强；模型刀，刀具本身带有某种图案实体，操作简便，成形速度快，比较实用，但立体感略差。

（四）食品雕刻的原料

用于食品雕刻的原料很多，大体可分为生、熟两大类。凡质地细密、坚实、色泽鲜艳的瓜果、根茎类蔬菜及某些结构细腻、无骨无刺的固态熟食品都可作雕刻的原料。在选用时，要根据雕刻的实物形象，从宴席需要出发，合理选用生料或熟料。选用生料时要选择脆嫩而不软，皮薄而无筋，肉实而不空，色泽鲜艳而光洁的。选用熟料时，要选择比较结实细腻而有韧性，不易破碎的原料。

1. 生原料

（1）萝卜。萝卜是食品雕刻最主要最理想的原料。其品种、颜色、形态多样，质地脆嫩、水分足、易雕刻，便于成形。常见品种有白萝卜、青萝卜、胡萝卜、紫心萝卜（又名心里美）等。不仅可以雕刻各种花卉，也可以雕刻多种动物、山石、亭阁等。

（2）薯类。用于食品雕刻的薯类原料，主要有马铃薯（又名土豆）、红薯（又名地瓜），颜色、形态各有不同，主要用于雕刻一些花卉、盆景和动物形体。这两种原料都含有大量的淀粉和鞣酸，遇氧后易变成褐色或黑色，因此，在雕刻中要求速度快，及时用水冲洗，以保持成形的色彩。

（3）瓜类。瓜类原料一年四季均有，品种也较多。常用瓜类有冬瓜、西瓜、倭瓜、南瓜、黄瓜、香瓜等。这些瓜类不仅可以雕刻大型的瓜盅、人物、花瓶、盆景等，也可以雕刻一些小型的如蝈蝈、蝴蝶、青虾、花蕾等。瓜类雕刻形式多样，不仅可供欣赏，同时具有食用价值，如冬瓜盅和西瓜盅等都是深受食用者喜爱的艺术佳品和甜味佳肴。

（4）水果类。用于食品雕刻的水果较少，其主要原因：①成本高；②雕刻难度大；③有果核；④易碎易变色。所以一般只限于雕刻一些小型的粗线条的动物、花卉及组装中的某一部分。常用的有白梨、苹果、马蹄等。

（5）叶菜类。用于食品雕刻的叶菜，主要是大白菜和油菜。常用来雕刻一

些菊花品种和作花坛、盆景的填衬物等。如用大白菜雕刻的卷毛菊、银丝菊形态色彩都特别逼真。

（6）葱类。用于食品雕刻的葱，主要是元葱（又名洋葱）和大葱。元葱有白、浅紫和微黄三种颜色，常用来雕刻荷花、睡莲、玉兰花等。大葱常用葱白雕刻小型菊花等。

（7）苤兰。苤兰近似于球形，两头略尖，外皮颜色有紫、红两色。其紫色苤兰又称紫菜头，其红色苤兰又称红菜头，是雕刻月季、牡丹花的理想原料。

2. 熟原料

（1）糕类。用于食品雕刻的糕类，主要是厨师根据雕刻的需要蒸制的蛋白糕和蛋黄糕。常用来雕刻凤凰头、孔雀头、白兔、宝塔及简单的花卉等。这类原料雕刻难度大，必须要耐心，不仅要考虑原料性质，更要考虑艺术效果、卫生消毒等因素。雕品多用于热菜的工艺菜中。

（2）蛋类。用于食品雕刻的蛋类很多，如盐水鸽蛋、咸鸭蛋、松花蛋、鹌鹑蛋、熏蛋、茶蛋等。常用这些蛋类雕刻荷花、雪莲、菊花、仙桃、白兔、小鹿、金鱼等。

（3）肉制品。用于食品雕刻的肉制品主要有火腿、午餐肉、香肠、灌肠等，主要用来雕刻一些简单的花朵和小型的动物。

除上述介绍的原料外，还有一些生料和熟料也可用于雕刻，这要根据季节、地区的不同主题选料，因料施艺。

（五）食品雕刻的刀法

食品雕刻的刀法是指在雕刻某些品种的过程中所采用的各种施刀法。这类刀法不同于热菜和冷菜中所使用的刀法，具有一定的特殊性。具体使用，要根据原料的质地、性能及雕品需要灵活选用。要使雕品成形快，形象逼真，必须勤学苦练，熟练掌握各种刀法，注意技巧灵活运用。以下为常用的刀法：

第一，切，一般是用平口刀或小型切刀操作，就是把原料放在案板上切成所需要的形状，或者是把用模型刻出的实体切成片。在食品雕刻中，切，主要是一种辅助刀法，很少单独使雕品成形。

第二，削，是在进入正式雕刻前使用的一种最基本的刀法。主要用来将原料削得平整光滑，或者削出雕品所需要的轮廓。这实际上是用于对雕刻原料的初步加工。削的刀法可分为推削和拉削两种。所谓推削，是指刀刃向外，刀背向里，紧贴原料用力向前推削。所谓的拉削，其刀刃向里，刀背向外，方向正好与推削相反。

第三，刻，是食品雕刻中的主要刀法，可采用平口刀、斜口刀、圆口刀进行操作。不仅适用雕刻一些花卉、鸟类，而且还可以雕刻一些人物、山石及楼阁台亭等，用途极广。根据刀与原料接触的角度可分为直刻和斜刻。直刻，是指刀刃垂直于原料，平直均匀地刻下去；斜刻，是指刀刃倾斜于原料，有一定的角度用力斜刻下去。刻成的雕品有一定的弧度。

第四，旋，是一种用途极广的刀法。它既可以单独旋刻成某些雕品，又是多种雕刻所必需的一种辅助刀法，多采用于平口刀操作。具体操作是：左手持原料，右手持刀，刀刃倾斜向下，左右两手密切配合，随滚动原料进行旋刻。主要用于雕刻一些弧度大的花卉，或旋去废弃部分。

第五，戳，一般用圆口刀或凿刀操作，主要用于雕刻某些花卉和动物羽毛等，用途很广。具体操作是：左手托住原料，右手拇指和食物握住刀把，刀身压在中指上，对准要刻的原料，层层整齐地排戳下去，两层以上的要插空进行，有时要戳透原料，多数是深而不透，具体应用要根据雕品要求而定。

第六，挤压，是一种比较简单的刀法，主要适于模型刀的操作。具体操作是：将原料放在案板上，右手拿刀，刀口向下对准原料，手掌用力向下挤压下去，然后取出模型中的原料即是要雕刻的实物形象。

（六）食品雕刻的步骤

食品雕刻技术比较复杂，必须有计划地分步骤循序进行，才能达到预期的目的。具体步骤如下：

第一，命题（又称选题）。要根据使用的场合及目的来确定雕品合适的题目。必须考虑到国家、民族的习俗，时令季节及宾客的身份、爱好等因素，使选择的题目新颖，恰到好处，富有意义。

第二，定型。根据题意确定雕品的类型，如雕品的大小、高低及表现形态等。

这一步是雕品能否达到形象生动和确切地表现主题的关键。

第三，选料。所用原料，要根据题目和雕品类型进行合理选择。选择时，要考虑到原料的质地、色泽、形态、大小等，是否有利于完成题目和雕品类型的要求。做到心中有数，选料恰当，色泽鲜艳，便于雕刻，物尽其用。

第四，布局。选定原料后，要根据主题内容，雕品的形象，对雕品进行整体设计。先安排好主体部分，再安排陪衬辅助部分。各部分都要恰到好处，使主题突出形象逼真，决不能喧宾夺主或主次不分。

第五，雕刻。这是实现雕品总体设计要求的决定性一步。因此，雕刻时要全神贯注，一气呵成。先刻出雕品大体轮廓，然后再动刀。先整体，后局部；先雕刻粗线条，后雕刻细线条。下刀要稳准，行刀要利落，按雕刻运刀顺序精雕细刻，直至完成雕品设计的形态。

第二节　烹饪调味技术与烹调方法分析

一、烹饪调味技术

“烹饪可以改变食物的外观、性状，改变食物的味道。烹饪中的调味主要是通过原料、调味品的比例，使得食物在烹饪过程中发生物理、化学变化，改变食物味道的一种烹饪技术。”[①] 调味，是运用各种调味原料和有效的调味手段，使调味原料之间以及调味原料与主辅原料之间相互作用，形成菜肴独特滋味的操作技术。具体说来，调味是将组成菜肴的主料、辅料以及各种调味原料有机组合，在一定的条件下使其相互作用、协调配合，通过一些物理、化学变化，去除原料腥膻等异味、增加原料鲜香滋味，使菜肴适合人们口味的一种操作工艺。

（一）味觉及调味规律

味觉，是指食物中可溶解于水和唾液的化学物质作用于舌头表面和口腔黏

① 顾向军．烹饪调味方法及应注意的问题分析［J］．考试周刊，2014（96）：196.

膜上的味蕾所引起的感觉。食物进入口腔后，其中可溶性成分溶于唾液中，刺激舌头表面的味蕾，再由味蕾通过神经纤维把刺激传导到大脑的味觉中枢，经过大脑分析而产生味觉。从味觉产生的全过程来看，呈味物质、味觉感受器、溶剂（唾液）等是形成味觉的基本要素，它们缺一不可。

1. 味觉的基本特征

味觉具有灵敏性、适应性、可融性、变异性、关联性等五个基本特性，是形成调味规律的生理基础。

（1）灵敏性。味觉的灵敏性是指味觉的敏感程度，由感味速度、呈味阈值和味的分辨力等三个方面综合反映。

第一，感味速度，是指对味的感知速度。呈味物质进入口腔，很快就产生味觉。一般从刺激到感觉仅需 1.5×10-3 ～ 4.0×10-3s，接近神经传导的极限速度。

第二，呈味阈值，是指可以引起味觉的最小刺激值，通常用浓度来表示。阈值越低，敏感度越高。呈味物质的阈值一般较小，并且随种类的不同而有一定差异。

第三，味的分辨力，是指对各种味感之间差异的分辨能力。人对味的分辨力很强，通常人的味觉能分辨出 5000 余种不同的味觉信息。

味觉的灵敏性高，是形成“百菜百味”的重要基础。调味要做到精益求精，既要突出菜肴的主味，又要使各味有机融合，为味觉的灵敏分辨提供物质前提。

（2）适应性。味觉的适应性是指由于持续受到某一种味的作用而产生的对该味的适应。根据产生适应性后消失的时间不同，可分为短暂适应与永久适应两种形式。

第一，短暂适应，是指在较短时间内多次受某一种味的刺激而产生的味觉瞬时对比现象。它只会在一定时间内存在，超过一定时间便会消失。配制套餐菜肴时要尽可能防止短暂适应的产生，其方法是同一桌菜肴尽可能安排不同味型的菜肴，上菜顺序也尽可能安排相邻菜肴味型相差较大的菜肴。

第二，永久适应，是指由于长期受到某一种过浓滋味的反复刺激而形成的适应，并在相当长的一段时间内都难以消失。具有特定口味习惯的人，长期接受某一种味的反复刺激，形成永久适应。

（3）可融性。味觉的可融性是指多种不同的味可以相互融合而形成一种新的味觉。味觉的可融性表现在味的对比、相加、掩盖、转化等多个方面，是调制各种复合味型的基础，调制味型时必须将各种味有机地融合。

（4）变异性。味觉的变异性是指在某种因素影响下味觉感度发生变化的现象。这种变异性受生理条件、温度、浓度、季节等因素影响。

（5）关联性。味觉的关联性是指味觉与其他感觉相互作用的特性。与味觉关联的其他感觉主要有嗅觉、触觉、视觉、听觉等。

综上所述，味觉的基本性质是控制调味标准的依据，是形成调味规律的基础。

2. 调味工艺的规律

（1）突出本味。本味是指烹饪原料自身带有的鲜美滋味。突出原料的本味应注意处理好菜肴中主料、辅料之间的配合，突出、衬托、补充主料的鲜味，同时处理好调味品对原料的影响，除去原料异味，突出原料本味，使其本味能得到更好、更充分的体现。

（2）注意时序。季节气候不同，人们对菜肴味的要求会发生改变，因此调味时要合乎时序。

（3）体现调和。调味的实质就是使调味料之间以及调味料与主辅料之间相互作用，协调配合，赋予菜肴新的滋味。在整个操作过程中讲究的是“调和”二字，虽然调味所用的调味品多种多样，但是调制出来的各种味型都强调协调一致。

（4）强调适口。人们对味的感觉受着很多因素的影响，条件不同，对味的感受也不同，因此在具体调味时要因人而异，不能千篇一律，甚至针对同一个人，在不同条件下也有所变化。调味要讲究适口，只有适口的菜肴才受人们喜欢。

（二）基本味及调味品

菜肴的味可分为基本味和复合味两种。通常人们感觉到的基本味有咸、甜、麻、辣、酸、鲜、香、苦。舌头对这些味的感觉敏感度是分区域的，舌尖对甜味最灵敏，舌根对苦味最灵敏，舌两侧前缘对咸味最灵敏，舌两侧后部对酸味最灵敏，舌根中部对鲜味最灵敏。香味、辣味和麻味不是由味蕾引起，而是嗅觉或表面皮肤受刺激引起的，但与味觉有关联性。苦味人们一般不很接受，调味时一般不专门调制苦味。因此，在调味中所说的基本味包括 7 种，即：咸、甜、麻、辣、酸、鲜、香。

1. 咸味

咸味是味咸的主味，除纯甜味菜肴以外，其他菜肴都要以咸味为基础，各种复合味都是在咸味的基础上表现，是能独立成味的基本味。咸味能解腻、提鲜、除腥膻臊味，能突出原料中的鲜香味道。调制时应做到“咸而不减”，使咸味恰到好处。常用的咸味调味品主要是精盐和酱油。

精盐的主要成分是氯化钠。饮食中的精盐对维持人体正常生理机能、调节血液的渗透压有重要的作用。除纯甜菜点外，调味时一般都是在咸味的基础上，按各种菜肴的要求分别加鲜、酸或麻、辣来丰富菜肴的味道。

酱油是用粮食发酵酿制而成的调味品，除含有盐分以外，还含有蛋白质、葡萄糖和麸酸钠等多种天然鲜味物质。好的酱油浓度较大，颜色呈鲜艳的红褐色，有透明度，滋味鲜美醇厚。酱油是烹调中用途最广的咸味调味品之一，还可用于菜肴上色。

除此以外，具有咸味的调味品还有豆瓣酱、豆豉、泡菜等。

2. 甜味

甜味也是能独立调味的基本味，有调和诸味的作用，还能解腻，缓和辣味的刺激感，抑制原料的苦涩味，增加咸味的鲜醇，烹调中运用相当广泛。如炒菜、烧菜以及肉馅中添加适当甜味原料，能增加菜肴的风味。甜味在菜肴制作中要根据成菜要求考虑甜味的浓淡，用量恰当，应做到“甘而不浓”，有时需要甜而不腻，有时需要放糖不显甜。

甜味调味品可以分为天然甜味（蔗糖、葡萄糖、果糖、麦芽糖、甜叶菊糖甙等）和人工合成甜味品（糖精、糖精钠等）。在烹调中常用的有白糖、红糖、冰糖，以及蜂糖、果酱、蜜饯等。

（1）白糖。常用的有白砂糖和绵白糖（俗称白糖）两种。

（2）红糖。常用的有红砂糖和水熬红糖（俗称红糖、黄糖）两种。红砂糖多用于豆沙、枣泥等甜馅中，而红糖多用于各种甜味小吃品种和面点中。

（3）冰糖。冰糖有两种：①白砂糖提纯再制品，其质地晶莹透明，形态趋于一致，糖味纯净；②用甘蔗一次提炼而成的，其形状是不规则块形，色发暗，

味甜香。冰糖多用于宴席中的甜菜，如冰糖银耳、冰糖莲子等。还可熬制糖色，即将冰糖放入盛有少量油的油锅中，炒成深红色后加水熬制而成，主要用于增加菜肴原料的褐红色泽，如红烧肉、卤肉、冰糖肘子等菜肴的上色。

（4）蜂糖，也称蜂蜜，富含单糖类的果糖、葡萄糖与多种维生素，其甜度高于白糖、冰糖。蜂糖的种类因季节性的蜂源而异。蜂糖多用于蜜汁类菜肴和点心、汤羹。

（5）饴糖，也叫青糖、糖稀，主要含麦芽糖和糊精，麦芽糖在人体内可转化为葡萄糖。饴糖具有吸湿、起脆、起色的作用，多用于制作点心以及烤制菜品时涂刷原料表面使之上色并具有酥脆效果。

（6）果酱与蜜饯。果酱是用水果加白糖熬制的，蜜饯是瓜果、蔬菜类原料用白糖渍制的，都富含果糖和蔗糖。蜜饯中还有一类是将玫瑰、桂花、茉莉等鲜花用白糖渍制，带有特定的扑鼻花香，用来烹制甜菜，以及做汤圆、鲜花饼等馅心。

3. 麻味

麻味是川菜特殊的味道。麻味在烹调中有抑制原料异味、解腥去腻、增香的独特功用，其味是由花椒、花椒粉、花椒油等体现出来的，不能单独成味。

花椒在全国各地都有出产，唯独四川花椒质量最佳，川椒作为贡品有两千多年的历史。四川汉源产的花椒颗粒大、色红油润、味麻籽少、清香浓郁，成为花椒中的上品。花椒特有的香和麻是源自所含的枯醇、栊牛儿醇、柠檬油醛等化学物质。花椒性涩，能解毒、杀虫、健胃，促进食欲，帮助消化。

4. 辣味

辣味是菜肴调味中刺激性最强的味，有显著的增香解腻、压低异味、刺激食欲的作用，但辣味用量过大会压低香味，尤其与清香味互不相融。在使用时应遵循“辛而不烈”的原则，用量因人、因时而异，恰当掌握，做到“辣而不燥”，富有鲜香。

辣味分辛辣和香辣两种。调味品中的辣椒含有辣椒碱，姜含有姜辛素，胡椒含有胡椒脂碱，葱蒜中分别含有葱辣素和蒜辣素，芥末含有芥末油，属于辛辣的范畴，由此构成了食物的辛辣味。辣椒加热再制而得的辣椒粉、红油辣子、煳辣椒则属于香辣。

（1）辣椒。辣椒可分为鲜辣椒、干辣椒、干辣椒粉、红油辣椒等。

新鲜辣椒尤其是微辣香甜的各种甜椒，不仅可以单炒，更常用于各种荤素菜肴的配料，能提味增香、增进食欲，是非常受欢迎的时鲜蔬菜。

干辣椒是用新鲜的红辣椒晾晒而成的，以干而籽少、色油红光亮者为佳。干辣椒有气味辛辣、温中祛寒、开胃健食功效。辣椒虽富含维生素等营养素，但吃辣椒过多，会引起胃肠炎、腹痛等不适。干辣椒一般切节使用，或直接下沸汤中熬汤提味，或在主料下锅前用热油煸炒出煳辣香味，使菜肴具有煳辣辛香味。

辣椒粉一般采用手工制作，是将干辣椒在锅中略加热炒干出香味，再制成细粉。辣椒粉既可加入热菜调味或增色，也可以直接拌制凉菜和小吃。不同品种的辣椒粉辣味有所不同，如朝天椒较辛辣，二荆条则较温和辛香。

红油辣椒又叫红油、红油辣子，是用熟油烫制辣椒粉而成，色红辛香油润，广泛用于凉菜、热菜和各式小吃中。

泡辣椒是用新鲜的红辣椒晾干表面水汽、放入泡菜坛中泡制而成。由于泡菜水中含有丰富的乳酸，经过乳酸发酵，泡好的辣椒用于烹调菜肴，具有特殊的香气和味道。

（2）豆瓣。豆瓣又称豆瓣酱，是烹调中重要的调味品。最负盛名的是四川的郫县豆瓣，它由二荆条辣椒和胡豆瓣以 7 ∶ 3 比例混合，再添加上等面粉经 20 多道工序酿制而成，色泽红褐、油润光亮、味鲜辣、瓣粒酥脆，有浓郁的酱香和清香味。烹调时，由于郫县豆瓣内有较大的辣椒皮和整粒的胡豆瓣，会影响菜肴成菜的美观，还会降低豆瓣使用率，因此，郫县豆瓣一般需要剁细使用。

（3）姜。姜含有姜辛素，具有芳香辛辣气味，有提鲜去腥、开胃消食等作用。烹调中分为仔姜、生姜两种。仔姜季节性强，为时令鲜蔬，可作辅料和腌渍成泡姜。如仔姜肉丝，拌仔姜、泡仔姜。生姜常加工成丝、片、末、汁，用于调味，可去异提鲜，广泛用于菜肴制作中。

（4）胡椒。胡椒含有胡椒脂碱，气味辛辣芳香，有提味去腥的作用。胡椒产于南方各省，半成熟果实呈黑色，称为黑胡椒，成熟的果实去皮后成为白胡椒。

(5)大蒜。大蒜含有大量的蒜辣素，具有独特的气味和辛辣味，能去腥、解腻、增香。蒜辣素还具有很强的杀菌作用。大蒜也可作辅料来烹制菜肴，如大蒜鲶鱼、大蒜肚条。

（6）葱。葱含挥发性葱辣素，具有辛辣味，有解腥气、开胃消食、杀菌解毒、促进食欲等作用。有大葱、小葱（火葱、香葱等）之分，小葱香气浓郁、辛辣味较轻，多切成葱花调制冷热菜；大葱主要用葱白作辅料和调料。

（7）芥末。芥末是用芥籽磨成的粉末，含有辛辣的芥末油，发出特殊浓烈的辛辣刺激气味。

5. 酸味

酸味是多种味型的基本味，尤其在烹调鱼、虾、蟹类菜肴时使用较多。酸味具有增鲜、除腥、解腻的作用，同时还可促进食物中的钙质和氨基酸类物质的分解，达到骨酥肉烂。酸味还能在加热过程中使原料中的蛋白质凝固，使制作出来的菜肴脆嫩可口，并能减少维生素的破坏，提高食物滋味、增进食欲，促进消化和吸收。使用酸味时应做到酸而不酷。酸味原料可分为天然的和人工合成的两类。天然的包括原料自身含有的如柠檬酸、苹果酸、酒石酸，以及由食品发酵产生的乳酸、醋酸等。人工合成的有葡萄糖酸等。常用的酸味调味品有醋、番茄酱等。

（1）食醋。食醋的主要成分是醋酸（即乙酸），质量好的食醋，酸而微甜，并带有香味。由于醋酸有较强的挥发性，所以，烹调时如果用醋来除去腥膻异味，溶解骨质，使肉类软熟、蔬菜脆嫩和保护维生素 C，一般应在烹调前和烹调中与原料一起下锅；如果是用醋来确定菜肴的酸味，或增鲜和味、醒酒解腻，则应在菜肴起锅前加入。

（2）番茄酱、番茄汁。番茄中含有适口的果酸，加工制成的番茄酱和番茄汁使用方便。

6. 鲜味

鲜味可增加菜肴风味、提高食欲。鲜味只有在咸味的基础上才能显现出来，在复合味中有融合诸味的作用。鲜味主要是由各种氨基酸与钠离子结合，形成相应的钠盐而产生的。

鲜味主要调味品是味精。味精是从淀粉发酵中提取出来的，主要成分是谷氨酸钠（麸氨酸钠），有粉末与结晶状体两种形态，易溶于水。味精耐酸不耐碱，在弱酸性溶液中更具有强烈的肉鲜味，而在碱性环境中则会变成无鲜味且有不良气味的谷氨酸二钠。味精也不耐高温，温度超过 100℃时，味精会分解成焦谷氨酸钠，对人体有害。味精的使用量要恰当，使用过多会产生一种似咸非咸、似酸非酸的怪味。

蘑菇、香菌等含的天门冬氨酸钠，虾蟹贝等含的琥珀酸，肉类含的肌苷酸钠等鲜味浓郁；各种鲜汤、酱油、鱼露等也是常用的增鲜调味品。

7. 香味

香味有压异味、增食欲的作用，同时各种香味调料本身多含有去腥解腻的化学成分。香味调味品的种类很多，常用的有料酒、醪糟、芝麻、芝麻酱、陈皮、豆腐乳以及各种天然香料与人工合成香料。这些原料据化学分析含有醇类、醛类、酮类、酯类、酸类等可挥发出来的芳香物质。

（1）料酒，又叫黄酒、绍酒，粮食酿成，酒精含量低，含丰富的脂类和多种氨基酸。由于料酒有较强的渗透性，在烹调前加入料酒，能使各种调料更迅速地渗透到原料内部，使原料有一定的基础味，同时去除腥、臊、膻等异味。料酒中的氨基酸在烹调中能与精盐结合成味道鲜美的氨基酸钠盐，使菜肴滋味更加鲜美；料酒中的主要成分在加热过程中与其他调料结合，会挥发出浓烈而醇和的诱人香味，使菜肴大为增香。所以许多煸、炒、煎的肉类菜肴都要在烹调中加入料酒。与料酒作用相似的调味品还有红葡萄酒、啤酒。

（2）醪糟，由糯米加酒曲发酵酿制而成，酒精度很低，含有丰富的香味脂、醇和糖类，其味香甜。醪糟的作用与料酒相似，但使用醪糟调味，会使原料经烹调后成菜鲜香回甜。

（3）芝麻油、芝麻酱。芝麻以粒大饱满者为佳。芝麻含有 60%的油脂，香味浓郁，是榨制香油和制作芝麻酱的主要原料，有白芝麻和黑芝麻之分。用芝麻磨制的芝麻酱能调制出风味独特的味型。芝麻榨制的香油普遍使用在各种冷、热菜肴中，起增香的作用。

（4）陈皮，是用成熟的橘皮晾干制成，以皮薄色红、香气浓郁者为佳。

（5）豆腐乳，是用豆腐切成小块，经人工接入毛霉菌的菌种发酵、搓毛和腌制之后，加入用料酒、红曲、面膏、香料、砂糖磨制的汤料，再经发酵制成的。豆腐乳外观颜色有红色、白色和青色三种，按风味可分为南味、北味、川味三类。豆腐乳色泽鲜艳，质软而细腻，味浓而鲜，有特殊的乳香味，酒香气也很浓。

（6）甜酱，又叫甜面酱，是用面粉加盐经过发酵制成，其特点是色泽棕红，咸味适口回甜，并有特别浓郁的酱香味。

（7）豆豉，由黄豆酿制。一般是将精选的黄豆经过浸渍、蒸煮之后，加少量面粉拌和，并加入米曲霉菌种酿制，再加入精盐或酱油拌匀，封贮 2 ～ 3 个月，取出风干即成。具有色泽黑褐，光滑油润，味鲜回甜，香气浓郁，颗粒完整，松散化渣的特点。豆豉下锅加热后有浓郁的豉香，常用作凉菜、热菜和火锅的调料。

（8）香料。除少数席点羹冻加入少量食用化学香精外，烹调中主要使用各种天然香料。香料种类众多，香气各有不同。常用的香料包括八角、桂皮、茴香、陈皮、草果、小茴、山柰、白蔻等。

（三）调味方式与阶段

1. 调味方式

调味方式，是指烹饪工艺中使原料黏附滋味的具体方式。根据成菜时黏附滋味的不同方式，调味方式可以分为腌渍、热渗透、粘裹、跟碟等。

（1）腌渍调味方式，就是将原料浸泡在调好的味汁中，或将原料与调味汁拌匀，在常温下渗透入味的方式。腌渍时要留有足够的时间，便于调味品充分渗透。多用于菜肴的烹调前码味以及凉菜的腌、泡。

（2）热渗透调味方式，是在加热条件下，使调味品渗透到原料内部的调味方式。加热使原料发生变化，调味品能进一步深入到原料内部，加热时间越长，入味效果越好。

（3）粘裹调味方式，是指将粉粒调味料或浓稠液体状调味料黏附或包裹于原料表面，使原料有滋味的调味方式。液态粘裹方式可采用浇淋和粘裹两种处理方式，而粉粒状多采用撒的方式。

（4）跟碟调味方式，是将加热成熟的菜肴放于盛器中，再将调好的味汁装于碗或碟中，随菜肴一起上桌，消费者自己选择调味的方式。跟碟调味方式的优点在于消费者可以根据自己的喜好进行调味，同时还可以一种菜肴配制多种味型，为食用者提供较为广泛的选择余地。

2. 调味阶段

调味是一个较为复杂的过程，菜肴品种很多，调味手段也多样，但是，按照菜肴制作过程，调味可分为三个阶段，即加热前调味、加热中调味、加热后调味。在对具体菜品调味时，有的菜肴只需在三个阶段的某一个阶段即可完成调味，我们称之为一次性调味；有的菜肴需要两个阶段甚至三个阶段才能完成调味，称为多次性调味。无论哪种调味，最终目的都是使原料能更好地入味，达到成菜的要求。

（1）加热前调味，是在原料加热前进行的调味，又称基础调味。其主要目的是使原料在加热前先有一个基本滋味，并减少或去除原料的腥膻气味，如炸、炒、爆、熘、蒸的菜肴在加热前的码味。调味时间根据菜肴要求有长有短，如炒腰花，必须在原料临加热前进行调味，时间短，调好味后立即加热成菜；而烤制菜肴，原料必须在加热前几小时调味，使调味品充分渗透入味，调味时间长。

（2）加热中调味，是在原料加热过程中进行的调味，又称定味调味。原料加热到适当时候，按菜肴的要求加入相应的调味品，其主要目的是在加热时调味品与原料相互作用，从而确定菜肴的滋味。这个阶段对菜肴调味来说是决定性的调味阶段，基本确定了菜肴最终的滋味。

（3）加热后调味，是原料加热完成后的调味，又称辅助调味，其目的主要是补充或增加菜肴的滋味，如大多数凉拌菜以及部分蒸菜、炖菜可以采用加热后调味。

（四）调味的基本原则

准确、恰当的调味是烹饪工艺的基本功，烹饪原料品质的特异性、消费者饮食习惯的差异性、烹调方法的多变性、调味品种类的多样性等，使我们很难达到调味的统一。我们在具体调味时，要有所变化，有所区别。但是，无论如何变化，我们应该掌握调味的基本原则，使调制出来的味型能更好地符合消费者的要求。一般来说，调味的基本原则如下：

第一，根据进餐者口味相宜调味。人们的口味因条件的不同各有差异，在调味时应先了解消费者的口味，有针对性地调味。如果不太清楚消费者的口味，调味时应以清淡为主，宁愿淡一些，不能太咸。

第二，掌握调味品的特点适当调味。每一种调味品都有自己特有的性质，比如，同样是食用盐，根据原料来源的不同，有海盐与井盐之分，其咸度不同，因此，调味前必须掌握调味品的特性，才能准确调味。

第三，按照成菜的要求恰当调味。菜肴成菜后从口味、质感、色彩等方面都有具体要求，其中对口味的要求是应呈现适当的味型。调制味型时应选择恰当的调味方式，尽量表现出符合味型要求的味感。

第四，根据原料性质准确调味。烹饪原料非常多，而且原料的品质又具有特殊性，有些原料本身鲜味较浓，有的较淡，有的又有异味等，调味时不能千篇一律，而应该根据原料本身的性质，有针对性地进行调味，最大限度地发挥原料固有的特性。

第五，根据各地不同的口味适宜调味。我国地域辽阔，各地气候、物产、饮食习惯的差异，形成了各地区不同的口味要求，如山西人喜食酸，湖南、贵州一带喜食辣，江苏、福建则偏好甜食和清鲜，东北、山东等地区的人口味偏咸，这些要求人们在对菜肴调味时，应针对不同地区消费者的口味适宜调味，这样，更容易被消费者认可。

第六，结合季节的变化因时调味。季节的变化会引起人们味觉的变化，冬季人们喜欢肥浓鲜美的菜肴，夏季则喜食清淡味鲜的食物，春季喜欢带酸的菜肴，秋季喜欢带辛辣口味的菜肴以便开胃，所以调味要考虑季节性。

调味的总原则：在不失菜肴风味特色的情况下尽量做到“适口者珍”。

二、烹调方法分析

烹调方法，是指把经过初加工和切配后的原料或半成品，直接调味或通过加热后调味，制成不同风味菜肴的制作工艺。

（一）凉菜的烹调方法

凉菜，是指热制凉吃或凉制凉吃的菜肴，具有选料广泛、菜品丰富、味型多样、色泽美观、造型多样等特点，在菜肴中占有非常重要的作用。凉菜在色、形、味、卫生等方面有较高的要求，因此，凉菜的烹调方法是烹饪工艺的重要组成部分。凉菜常用的烹调方法有拌、炸收、卤、腌等。

1. 拌

拌是指将原料直接或经熟处理后，加工切配成丝、丁、片、块、条等形状，加入调味品和匀成菜的烹调方法。拌制菜肴具有用料广泛、色泽美观、鲜脆软嫩、味型多样、菜品丰富、地方风味浓郁等特点。

烹调程序主要包括：原料选择→加工处理→直接或熟处理→切配→装盘调味→成菜。

（1）原料选择。拌制原料要求新鲜无异味、受热易熟、质地细嫩、滋味鲜美。

（2）熟处理。原料的熟处理对凉拌菜肴的风味特色有直接的影响。一般有以下熟处理方式：

第一，过油，是将经加工后的原料放入油锅中炸制。炸后凉拌的菜肴具有酥香软脆、味感浓郁的特点。

第二，水煮或汽蒸，是最常用的熟处理方法。是将加工后的原料放入水中煮制或放入蒸笼中蒸制，蒸煮后凉拌的菜肴具有鲜香软嫩、清鲜醇厚的特点，适用于禽畜肉品及其内脏、笋类、鲜豆类等原料。

第三，焯水，是指将加工后的原料放入沸水中快速加热。焯水后凉拌的菜肴具有色泽美观、细嫩爽口的特点。适用于嫩脆的动物性原料和多数植物性原料。

第四，烧制，是指将原料带壳或鲜叶包裹后放入暗火（木炭火或炭灰）中烧制成熟，再将原料加工成小条，与调味品拌匀成菜的方法，是独具特色的熟处理方法。烧制后凉拌的菜肴具有质感脆嫩柔软、本味醇香的特点。

第五，腌制，是将加工的原料与调味品拌匀，渗透入味后再与调味汁拌匀成菜的处理方法，是拌制前最常用的处理方法，腌制凉拌的菜肴具有清脆入味、鲜香细嫩的特点，适用于黄瓜等蔬菜类原料。

第六，原料直接拌制。直接拌制的原料都是可以生吃的。直接拌制的菜肴具有色泽美观、清香嫩脆的特点，适用于黄瓜、白菜、莴笋、萝卜、菜头、嫩姜、折耳根（学名鱼腥草）等蔬菜类原料。

（3）切配装盘。根据原料的性质和成菜要求，将原料切成不同的形状，经拌味后装盘或者装盘后淋味，也可配味碟。根据凉拌菜肴的原料组合情况，凉拌采用的方式有：①生拌，指菜肴的主辅原料都没有经过加热处理，直接拌制的方式；②熟拌，指菜肴的主辅原料经过熟处理后进行拌制的方式；③生熟拌，指菜肴的主料经过熟处理后与生的辅料进行拌制的方式，拌制原料中既有生料又有熟料。

凉拌菜肴味型较多，一般根据原料的性质和菜肴的要求，选用相宜美观的盛具装盘。调味在装盘前后进行，方式有：①拌味后装盘，是指原料与调味品拌和均匀后装盘成菜的方式。此方式多用于不需拼摆造型的菜肴，要求现吃现拌，否则会影响菜肴的色、味、形、质；②装盘后淋味，是指将菜肴装盘上桌，开餐时再淋上调制好的味汁，由食者自拌而食的方式；③装盘后蘸味，是指原料装盘造型后，配上一种或多种味碟供食者蘸食的方式。

2. 卤

卤，是指将加工处理的原料放入调制好的卤汁中，加热至熟透入味成菜的烹调方法。卤制菜肴具有色泽自然或棕红、鲜香醇厚、软熟滋润的特点，适用于禽畜肉类及其内脏和豆制品、部分菌类原料。根据卤汁有无颜色，分为红卤、白卤。

烹调程序主要包括：原料选择→加工处理→直接或码味→卤制→刀工→装盘成菜。

（1）原料选择。卤制菜肴要求选用新鲜细嫩、滋味鲜美的原料，如成年公鸡、秋季的仔鸭仔鹅、猪的前后腿肉、肉质紧实无筋膜的牛羊肉等。

（2）加工处理。禽畜肉在加工中要夹尽残毛，漂洗干净，除去淤血腥味；内脏要刮洗干净，无杂质粗皮等；菌类原料要将泥沙杂质清洗干净。整鸡（鸭、鹅）及大块原料最好先行码味。禽畜肉及其内脏卤制前先进行焯水处理。

（3）卤制成菜。将处理后的原料放入卤汁中加热，沸后改用小火继续加热至原料入味并达到成菜要求的成熟程度，捞出晾凉后再进行刀工处理，装盘成菜。

3. 炸收

炸收，是指将加工处理后的原料经过油后放入锅内，加入鲜汤、调味品加热使之收汁亮油，再将其晾凉，最后装盘成菜的烹调方法。炸收菜肴具有色泽红亮、干香滋润、香鲜醇厚的特点。适宜炸收的原料有禽畜肉类、鱼虾类和豆制品等。

烹调程序主要包括：原料选择→加工处理→炸制→调味收制→矫味→装盘→成菜。

（1）原料选择。禽畜肉类应选择新鲜程度高、细嫩无筋、肉质紧实无肥膘的猪肉、牛肉、兔肉或排骨等原料，其中禽类宜选用成年公鸡或公鸭；鱼类选用肉多质嫩无细刺的新鲜鱼；豆制品以豆腐干、豆筋、腐竹为主。

（2）加工处理。鸡、鸭、兔、猪等原料，先经刀工处理成要求的形状后码味；因菜肴质感需要，部分原料要先水煮后捞出晾凉，再进行刀工处理和码味。码味时要先将调味品调成味汁，再与原料拌匀。要注意控制好咸味的浓淡、色泽的深浅、时间的长短等。

（3）炸制。采用清炸的方式。炸制时要根据原料的性质和菜品质量的要求，掌握好油温、火力、炸制时间。

（4）调味收制。收制时锅内加入适量鲜汤，放入原料以及调味品，先用大火加热至沸，再改用小火收制，至汁浓入味后起锅。根据成菜要求，掌握好加入鲜汤的量和调味品的组合、收制时间的长短与汁的稠度，收制成菜后要盛入器皿中晾凉。炸收菜肴的复合味型较多，有五香味、麻辣味、鱼香味、茄汁味、糖醋味、咸鲜味等。

（5）矫味装盘。菜肴味感因温度不同而有差异，因此，炸收菜肴晾凉后要认真鉴定，进行矫味，确保最后味感符合成菜要求。

4. 糖粘

糖粘又名挂霜，是指利用再结晶原理，将经初加工的原料粘裹一层糖汁，经冷却凝结成霜或撒上一层糖粉成菜的烹调方法。糖粘具有色泽洁白、甜香酥脆的特点。适用于果仁、猪肥膘等原料及调制的半成品胚料。

烹调程序主要包括：原料选择→加工处理→粘糖或撒糖粉→装盘成菜。

（1）原料选择。要选用新鲜程度高、无虫蛀、质地脆爽的原料。

（2）加工处理。初加工时应去皮、去核，并清洗干净。部分原料要经过挂

糊炸制，部分需要先焯水、再油炸至外酥并熟透；有的原料经过盐炒或烤箱烤制，至酥香熟透；原料采用半成品胚料，一般需要先制成糕状，再拍粉后油炸等。

（3）粘糖或撒糖粉。粘糖的过程是锅内加入清水和白糖，用小火加热至白糖溶化、水分蒸发殆尽，锅中糖液浓稠，表面均匀出现大泡套小泡现象，放入经加工处理的原料，同时将锅端离火口，让糖汁均匀地粘裹在原料表面；在冷却过程中，让原料分散开，不断颠锅造动，使糖液重新结晶并相互摩擦成为霜状。撒糖粉就是将加工处理后的原料堆放在盘内，直接撒上白糖粉即可，或将加工处理后的原料粘裹一层糖汁，放入盘中再撒上白糖粉即可。

5. 腌

腌，是将原料放入调味汁中，或用调味品拌和均匀，排除原料内部部分水分，使之渗透入味成菜的烹调方法。腌制菜肴具有色泽鲜艳、脆嫩清香、醇厚浓郁的特点。适用于黄瓜、莴笋、萝卜、藕、虾蟹、猪肉、鸡肉和部分内脏等原料。

烹调程序主要包括：原料选择→加工处理→腌制→直接或刀工处理→装盘。

（1）原料选择。腌制菜肴应选用新鲜、质地细嫩、滋味鲜美的原料。植物性原料以选择脆嫩的质感为主，动物性原料以选择细软质感为主。

（2）加工处理。根据腌制菜肴的需要，部分原料需要进行熟处理后再腌制，可选择腌制前刀工或腌制后刀工。一般以丝、片、块、条和自然形态等形状为主。

（3）腌制方式。根据腌渍所用主要调味品的不同，腌分为以下类型：

第一，盐腌。盐腌的调味品主要是精盐，但根据菜肴要求可加入泡辣椒、野山椒、白醋、白糖、姜、芥末面、味精、香料等形成不同的风味，主要有咸鲜味、甜酸味、芥末味、酸辣味等，四川的泡菜也属于盐腌的范畴。腌制菜肴具有色泽鲜艳、质地脆嫩、清香爽口的特点，分为生腌和熟腌两种。生腌以蔬菜类原料为主，原料经过刀工处理后直接与调味品调制的味汁拌和均匀，腌制成菜。如盐腌黄瓜、酸辣白菜等。熟腌的原料以禽畜肉类和内脏以及鲜鱼类原料为主，先将原料经熟处理后晾凉，再与调制的味汁拌和均匀，腌制成菜，如盐水鸡、盐水兔等。

第二，酒腌（又称酒醉）。酒腌的主要调味品是精盐和酒。酒腌菜肴具有色泽金黄、质地细嫩、醇香可口的特点。适合酒腌的原料主要有虾、螺、蟹。

酒腌前，先将虾、蟹、螺等放入清水里饿养一定时间，让其吐尽腹水，排空肠内的杂质；腌制时，将原料滴干水分，放入坛内，倒入由精盐、白酒、料酒、花椒、冰糖、丁香、葱、姜、陈皮等调制的卤汁，盖严坛口，腌三天以上即可。

第三，糟腌。糟腌是以精盐和香糟为主要调味品的一类腌制方法。糟腌菜肴具有质地鲜嫩、糟香醇厚的特点。适合糟腌的原料有鸡、鸭、猪肉、冬笋等。糟腌前，原料都要经过熟处理至熟透，晾凉后经过刀工处理成条、片等形状，再用糟汁腌两小时以上即可。部分菜肴还可以放入蒸柜（笼）内加热一定时间，取出晾凉成菜，其风味更具特色。如糟醉鸡条、糟醉冬笋等。

第四，柠檬汁腌。是用白糖和水熬至浓稠，晾凉后加入柠檬酸制成调味汁腌制原料成菜的方法。腌制的菜肴具有色泽鲜艳、质地脆嫩、甜酸爽口的特点。适用于冬瓜、萝卜、藕、黄瓜、青笋等原料。一般在腌制前进行刀工处理，切成片、条、花形等形状，放入甜酸柠檬味汁内半小时，捞出装盘即成。如珊瑚雪莲、柠檬冬瓜等。

6. 冻

冻，是利用原料本身的胶质或另加肉皮、琼脂等经熬制或汽蒸冷却后凝固成菜的烹调方法。冻制菜肴具有色泽美观、晶莹透明、鲜嫩爽口的特点。一般有咸甜两种口味，咸味多为以动物性原料为主制成的冷菜，甜味多为以干鲜果为主制成的冷菜。制作咸味菜肴多选用动物肉皮制冻，制作甜味菜肴则选用琼脂、食用明胶等制冻。

烹调程序主要包括：原料选择→加工处理→熬制或汽蒸→冷却凝固→直接或刀工后装盘→淋味成菜。

（1）选料加工。动物类原料要新鲜、干净、无异味、无杂毛，用热水清洗干净，去掉余的肥膘，焯水后熬制或汽蒸。使用琼脂等，应选择色正透明、无杂质的原料，并用清水洗净泡软后使用。

（2）熬制或汽蒸。熬制时锅要洗净，先用大火加热至沸，撇去浮沫，改用小火加热，保持沸而不腾，或放入蒸柜（笼）中用小火沸水长时间蒸制，待原料软熟或琼脂等全部溶化汁稠时即可。

（3）凝固装盘。根据菜肴要求选用不同盛具盛装冷却凝固，待完全凝固后，

可以直接装盘成菜，如龙眼果冻；多数冻制菜品在凝固后还要按成菜的要求进行刀工处理后装盘成菜，如桂花冻、水晶肘冻等。

（4）淋味成菜。调制好所需味汁，再将味汁淋在原料上即成。

（二）热菜的烹调方法

1. 炒

炒是将加工切配后的丝、丁、片、条、粒等小型动植物原料，用小油量或中油量，以旺火快速烹制成菜的烹调方法。根据烹制前主料加工处理方法的不同及成菜风味的不同，炒分为滑炒、生炒、熟炒、软炒等。

（1）滑炒。滑炒是以动物性原料作主料，将其加工成丝、丁、片、块、条、粒和花形，先码味上浆，兑好味汁，旺火急火快速烹制成菜的烹调方法。滑炒菜肴具有滑嫩清爽、紧汁亮油的特点。适用于无骨的动物性原料如鸡、鱼、虾、猪肉、牛肉等。

烹调程序主要包括：原料初加工→切配→码味上浆→兑芡汁→锅内烧油炙锅→放入主料滑油翻炒→放入辅料→烹入芡汁→收汁亮油→装盘成菜。

第一，刀工成形。将初加工后的原料切成丝、丁、片、块、条、粒和花形等形状。

第二，码味上浆。应先码味后再上浆，码味主要用精盐、料酒或酱油等。其咸味浓度占整个菜肴浓度的30%，要根据菜肴的品种决定是否上色以及颜色的深浅。上浆主要用湿淀粉，上浆的干稀厚薄要以烹制原料的质地来决定，对一些质地较老的牛肉、羊肉、猪肉等原料，码味上浆时可加适量的嫩肉粉进行腌渍，使蛋白质吸水量增加并加速蛋白质水解，使质地变得细嫩；对肝、腰等内脏则应现码味、现上浆、现炒制，避免原料入锅前吐水脱浆。

第三，兑味汁。在原料加热烹制前，先将制作菜肴所需调味品放入调料碗内兑成芡汁。滑炒时由于火力旺，油温较高，操作速度快，成菜时间短，为保证菜肴味型准确，在烹制前先兑好芡汁，待菜肴成熟时将芡汁烹入锅内，能快速且准确调制出菜肴的复合味型。

第四，滑油翻炒。烹制前炒锅必须干净，炙好锅。锅内加入油后加热至150℃（五六成热）时放入主料，迅速翻炒至原料散籽变白、互不粘连，再放入辅料炒断生。

第五，收汁成菜。原料在锅内炒断生后及时烹入兑好的调味芡汁炒匀，收汁亮油后起锅，装盘成菜即可。

（2）生炒。生炒是指将切配后的小型动植物原料，不经上浆、挂糊，直接下锅，用旺火热油快速烹制成菜的烹调方法。生炒的菜肴具有鲜香嫩脆或干香滋润、酥软化渣等特点。生炒适用于新鲜质嫩植物性原料（如黄豆芽、胡萝卜、苦瓜、白萝卜、莲白、青笋尖、大白菜、豌豆苗）和细嫩无筋的动物性原料（如猪肉、牛肉、鳝鱼、兔肉、鸡肉）。

烹调程序主要包括：原料初加工→切配（码味）→热油炙锅→旺火热油生炒原料→依次投入调味品→原料断生成熟→装盘成菜。

第一，加工原料。茎叶类蔬菜（如豌豆苗、油菜、菠菜等）应加工成连叶带茎的规格，体形较大的（如大白菜、莲花白等）可加工成片、粗丝等形状；根茎类等蔬菜则加工成丝、丁、片、小块、条等形状；肉类原料一般加工成丝、小丁、片、末等。

第二，码味。一般茎叶类蔬菜不用码味；根茎类蔬菜需要保证成菜后脆嫩的口感，因而在烹制前要加入适量的精盐码味，但时间不宜过长，不能使原料的清香味受到损失，以不渗透出过多水分为好。

第三，生炒烹制。植物性生料直接下锅，旺火热油炒制，一般在烹调过程中调味，翻炒均匀，迅速使原料受热一致，炒断生及时出锅，有利于保持鲜嫩。也可以将原料焯水后，滴干水分，锅中加油用旺火热油快速炒制成菜。动物性原料炒制时要先炙好锅，再放入原料炒至干香滋润、油变清亮，加入调味品炒出香味，再下辅料炒断生即成。

（3）熟炒。熟炒是指经过初步熟处理的原料，经加工切配后，放入锅内加热至干香滋润或鲜香细嫩，再加入调、辅料烹制成菜的烹调方法。熟炒的菜肴具有酥香滋润、亮油不见汁的特点。熟炒的原料一般选用新鲜无异味的动物原料和香肠、腌肉、酱肉等再制品以及香辛味浓、质地脆嫩的根茎类植物原料。

烹调程序主要包括：原料初加工→熟处理→切配→炙锅下料→熟炒烹制→依次加入调辅料→成菜装盘。

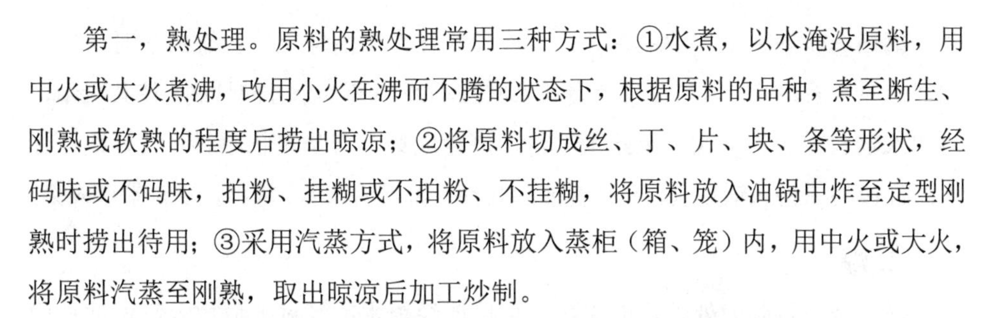

第一，熟处理。原料的熟处理常用三种方式：①水煮，以水淹没原料，用中火或大火煮沸，改用小火在沸而不腾的状态下，根据原料的品种，煮至断生、刚熟或软熟的程度后捞出晾凉；②将原料切成丝、丁、片、块、条等形状，经码味或不码味，拍粉、挂糊或不拍粉、不挂糊，将原料放入油锅中炸至定型刚熟时捞出待用；③采用汽蒸方式，将原料放入蒸柜（箱、笼）内，用中火或大火，将原料汽蒸至刚熟，取出晾凉后加工炒制。

第二，刀工切配。用于熟炒的动物性原料一般切成厚薄恰当的片、粗丝或丁状，辅料应切成与主料相适应的形状。植物性原料一般切成片、条等形状。

第三，熟炒烹制。①以中火为主，旺火为辅，油量恰当，120℃油温，熟处理后的原料直接下锅反复炒至出香味、油变清亮时，逐步加入调味品、辅料炒至断生入味，盛盘成菜。②以中旺火为主，少油量，120℃油温，将炸熟后的原料直接入锅，放入辅料、调味品炒至断生入味，装盘成菜。

（4）软炒。软炒是指将动植物原料加工成泥茸状或细颗粒，直接入锅，或先与调味品、鸡蛋、淀粉等调成泥状或半流体，再用中火热油匀速加热，使之凝结成菜的烹调方法。软炒的菜肴外形为半凝固状或软固体，具有细嫩软滑或酥香油润的特点。软炒适合以鸡蛋、牛奶、鱼、虾、鸡肉、豆腐、豆类（如蚕豆、豌豆、莲米）、薯类、面粉等原料作为主料的菜肴，辅料选用火腿、金钩、荸荠、蘑菇、果脯、蜜饯等。

烹调程序主要包括：选料→加工整理→组合调制→炙锅下料→中火热油→匀速软炒→装盘成菜。

第一，原料加工。部分软炒的主料如鸡肉、鱼虾等，剔除筋络，捶成细泥状；植物性原料（如豆类、薯类）需经煮或蒸熟后压制成泥茸状。辅料加工成小片或颗粒。

第二，调制半成品。软炒的原料入锅前大多数都需先调制成浆状，根据主料的凝固性能不同，掌握好鸡蛋、水淀粉、水的比例，使成菜后达到半凝固状态或软固体的标准。也有一部分不需调浆，如炒豌豆泥、蚕豆泥、锅蒸、白薯泥、红薯泥、莲米泥、红豆泥等，这些菜品辅料可根据需要酌情添加慈姑、蜜饯、花仁、桃仁等原料。

第三，软炒成菜。炒锅置旺火上，炙好锅，留油烧至三至五成热时，放入调好的原料浆，用炒勺匀速有节奏地来回推动或顺着一个方向炒制，使其凝结，再加入辅料或少许油脂，至鲜嫩软滑，盛盘成菜。若是泥状原料，炙好锅，加入油直接将原料入锅炒制，至酥香油润吐油，加入调味品、辅料，炒匀盛盘成菜。

2. 爆

爆，是指将剞刀处理后的原料，直接或经焯水或经过油后放入高温油锅中快速烹制成菜的烹调方法。爆的菜肴具有形状美观、嫩脆清爽、紧汁亮油的特点。适宜爆的原料多为具有韧性和脆嫩的猪腰、肚头、鸡鸭肫、鱿鱼、墨鱼、海螺、牛羊肉、猪瘦肉、鸡鸭肠等。根据熟处理方法和配料的不同，行业里将爆分为油爆、汤爆、葱爆、酱爆、芫爆等，它们的刀工和制作方法基本相同。

烹调程序主要包括：原料选择→刀工处理→码味上浆→调芡汁→熟处理→爆制→装盘成菜。

（1）刀工处理。所选择的原料多数都要经过剞刀处理成不同的花形，要求刀距、深度均匀，整齐一致，不穿刺，利于受热迅速和入味均匀。

（2）码味上浆。原料一般用精盐、料酒、姜、葱等码基础味，多数菜肴需要上浆，但上浆时水淀粉宜少且宜干，码味上浆均匀适度。

（3）调芡汁。将所需的调味品放入调味碗中，加上适当的鲜汤和水淀粉兑成调味芡汁。爆菜都要预先调好芡汁，要掌握好芡汁中味汁与水淀粉的量和比例。

（4）熟处理。除部分菜品要求直接爆制外，其他菜品一般都要经过焯水或过油处理。

（5）爆制成菜。原料直接放入锅中旺火快速加热至断生或经焯水、过油后，迅速放入蔬菜类辅料和调料，炒熟炒匀，烹入芡汁，待淀粉糊化、收汁亮油后起锅装盘成菜。

3. 熘

熘，是指将加工成丝、丁、片、块的小型或整型原料，经油滑、油炸、蒸或煮等加热成熟，再用芡汁粘裹或浇淋成菜的烹调方法。

熘一般分为两个步骤：①原料熟处理阶段。所有熘的原料都要经过低温油滑或高温油炸，或汽蒸、水煮等技法进行熟处理，成为具有滑嫩或酥脆、外脆

里嫩或外酥内软等不同质感的半成品，为下一步熘制做好准备。②熘制阶段。将熟处理加工后的半成品盛入盘中，另用温油锅调制好所需要的芡汁，将芡汁淋于原料上，或将半成品放入调制好的芡汁中，让芡汁粘裹均匀，起锅装盘即可。根据操作方法的不同，可将熘分为炸熘、滑熘、软熘三种。

（1）炸熘。炸熘又称脆熘、焦熘，指将加工切配成形的原料，经码味、挂糊或拍粉，或先蒸至软熟，放入热油锅中炸至外酥内嫩或内外酥香松脆，再浇淋或粘裹芡汁成菜的烹调方法。炸熘菜肴具有色泽金黄、外酥内嫩或内外酥香松脆的特点。适用于炸熘的原料主要有鱼虾、牛羊肉、猪肉、鸡、鸭、鹅、鹌鹑、鸽子、兔子、土豆、茄子、口蘑等，要求选用新鲜无异味、质地细嫩的原料。

烹调程序主要包括：原料初加工→切配→码味→挂糊、拍粉或汽蒸→油炸定形→复炸酥脆→调制芡汁→熘汁→成菜装盘。

第一，切配码味。炸熘的原料一般切成条、块、花形或整形原料，使原料易于渗透入味、快速成熟、成菜形态美观。多用精盐、料酒、姜、葱码味。码味时间应根据原料形体大小决定，一般为 5 ～ 10 分钟。

第二，挂糊拍粉或汽蒸。这个步骤有四种不同的方式：①挂糊，适合炸的糊有蛋黄糊、全蛋糊、水淀粉糊、脆浆糊、蛋清糊等；②拍粉，适合炸熘的粉有干细淀粉、面包糠、面粉等；③先挂薄糊或上薄浆再拍粉，这种方式用的糊或浆基本上是水淀粉糊、全蛋淀粉糊或蛋清淀粉糊；④码味后直接上笼蒸至软熟，再入高温油中油炸。

第三，油炸酥脆。炸熘菜肴都要经过油炸。油炸的质感有酥脆、外酥内嫩、外松酥内熟软三种类型。油炸一般分两次进行：第一次用 150℃左右的油温炸至外表微黄断生定型后捞起待用；第二次用 220℃左右的油温炸至色金黄外酥香后捞出装盘。

第四，调制熘汁。先兑好芡汁，再用油锅炒调味料，炒出香味后将调好的芡汁加适量鲜汤烹入锅中，待芡汁糊化收浓即可。芡汁的浓稠度一般为二流芡或浓二流芡（糊芡）。只有保证芡汁的质量，才能使菜肴具有味浓、爽滑、滋润、发亮的效果。炸熘芡汁主要有糖醋味、荔枝味、咸鲜味、鱼香味、茄汁味、果汁味等复合味。芡汁浓稠程度要视菜肴的质量要求而定。

（2）滑熘。滑熘又称鲜熘，指将加工切配成形的原料，经码味、上蛋清淀粉浆后，投入中火温油中滑油至原料断生或成熟时，烹入芡汁成菜的烹调方法。熘菜滋汁不多，以恰能黏附原料、使其上味为准，成菜装盘后见油不见汁，具有滑嫩鲜香、清爽醇厚的特点。适宜滑熘的主料都是精选后的家禽、家畜、鱼虾、鲜贝等净料。

烹调程序主要包括：选料→加工切配→码味上浆→热油炙锅→主料滑油→调制芡汁→熘制→烹入芡汁→成菜装盘。

第一，加工切配。滑熘的原料都加工成丝、丁、片、条、小块等小型规格。滑熘主要用蛋清淀粉浆，要有一定的稠度和厚度，才能较好地保持原料水分，烹汁后吸水糊化膨胀效果好，因而滑熘原料的质地和规格一般比滑炒同一性能的原料细小一些，辅料选用色鲜味美细嫩的原料，如冬笋、蘑菇、菜心等，这样主辅料才会相互呼应、搭配得当。

第二，码味上浆。蛋清淀粉浆的调制要根据主料含水量的高低酌情考虑，一般蛋清与干细淀粉的比例为1 ∶ 1。码味宜用精盐，少用其他调料，咸度以略低于正常阈值为好。浆的稠度和厚度的要求为蛋清浆能均匀地粘裹在原料上、不掩盖原料本色、放入油锅中易于滑散。码味上浆后，有些原料如虾仁、牛肉、猪肉、鸡肉等可冷藏静置一段时间，这样上浆效果更好。

第三，滑油熘制。炒锅洗净，用油炙好锅，将上浆后的原料放入中火、较宽油量、80℃～110℃（三四成）低温油锅内加热至断生或成熟、散籽发白后，滗去多余的油，放入调辅料炒断生，烹入兑好的芡汁，颠锅炒至淀粉糊化、收汁亮油起锅，装盘成菜。

（3）软熘。软熘是指质地柔软细嫩的原料经过刀工处理或制成半成品后，通过蒸、煮、汆等方法加热至一定成熟度，再浇上调制好的芡汁成菜的烹调方法。软熘与滑熘有异曲同工之妙，具有色泽美观、滑嫩清香的特点。适宜软熘的原料有鱼、虾、鸡肉、兔肉、猪里脊肉、豆腐等。

烹调程序主要包括：初步加工→刀工处理或制成半成品→蒸或煮或汆熟→直接或刀工后装盘→调制芡汁熘制→浇淋在原料上。

第一，刀工处理或制泥。软熘的菜肴，如鸡鸭等整料，在汆水前斩掉爪，

整理好形状；整鱼要根据菜肴要求剞好刀口；而糕类原料，要将鸡、鱼、虾、兔、猪里脊肉、豆腐等原料制成泥茸状，也可以是流体状。

第二，码味制糁。原料在蒸、煮、汆前都需要码味。首先将原料洗净并沥干水分，用适量的精盐、料酒、胡椒粉、姜、葱等调味品与原料拌匀，浸渍一定时间，使原料有一定的基础味，成菜后才味道鲜美。调制糁时要根据菜肴需要，掌握好加水量，控制好干稀度，调剂好鸡蛋清、肥膘茸、水淀粉、姜葱、水、精盐等调辅料的用料量和比例，使蒸熟、熘制后的菜肴质感细腻滑嫩。

第三，蒸、煮、汆。软熘原料一般采用蒸、煮、汆熟处理，熟处理程序要正确，要控制好火候和成熟度。蒸制鸡鸭要达到软熟，鲜鱼、泥糊要控制在刚熟的程度。整鱼适合水煮加热成熟，水煮时水量平齐鱼头，用筷子能轻轻插入鱼颌下部即是刚熟的程度。汆制时要保证原料本色不变、滑爽细嫩。油汆后的原料，为了减少油腻，还可用鲜汤退去黏附的油脂。

第四，熘制浇汁。软熘的原料熟处理后，要用其原汁烹制成芡汁，再浇淋于原料上。一般味浓厚的芡汁稠度为二流芡，味清鲜的芡汁稠度呈清二流芡。

4. 烧

烧，就是将经过加工切配后的原料，直接或熟处理后加入适量的汤汁和调味品，先用旺火加热至沸，再改用中火或小火加热至成熟并入味成菜的烹调方法。按工艺特点和成菜风味，烧可分为红烧、白烧和干烧三种。

（1）红烧。红烧是指将加工切配后的原料经过初步熟处理，放入锅内，加入鲜汤、有色调味品等，先用大火加热至沸后，改用中火或小火加热至熟，直接或勾芡收汁成菜的烹调方法。红烧的菜肴具有色泽红亮、质地细嫩或熟软、鲜香味厚的特点。红烧菜肴选料广泛，河鲜海味、家禽家畜、豆制品、植物类等原料都适合红烧。

烹调程序主要包括：原料选择→切配→直接或初步熟处理→调味烧制→收汁→装盘→成菜。

第一，选料切配。要根据烧制菜肴的时间长短，选择相同或相似质地的原料，使烧制的时间、成菜的质感一致。适合烧制的原料规格一般是条、块、厚片及自然形态，主辅料形态应相似或辅料能美化突出主料。

第二，初步熟处理。红烧原料基本上都需要经过初步熟处理成半成品，其熟处理加工方法要根据具体红烧菜品来决定，通常用焯水或过油等方法。

第三，调味烧制。在烧制前将味调制好，有利于渗透入味。烧制可分两次调味：第一次为基础调味，在加入鲜汤后调味；第二次为定味调味，在收汁浓味时调制。再根据原料的质地、形态和菜肴的质感决定烧制时间的长短、火力的大小和加入汤量的多少。烧制中要掌握好色泽深浅，根据不同菜肴的质感要求，控制好不同层次的成熟程度。

第四，收汁装盘。一般质感老韧的原料，烧制后的质感要求软熟，烧制时间较长，浓汁后勾芡成菜；富含胶原蛋白（或淀粉）的原料，胶质重、淀粉多，以自然收汁方式较好；质感细嫩的原料，烧制时间短，以勾芡方式收汁，要控制好收汁的浓稠度和汁量。成菜装盘要求器皿选用恰当，造型美观，形态饱满。

（2）白烧。白烧是与红烧相对应的，因此法烧制的菜肴色白而得名。其方法基本同于红烧。白烧选用无色的调味品来保持原料本身特色。成菜具有色白、咸鲜醇厚、质感鲜嫩的特点。

白烧的烹制程序和操作要领与红烧基本相同，但应注意以下问题：

第一，原料要求新鲜无异味、滋味鲜美。

第二，调味品要求无色，忌用酱油或其他有色调味品或辅料。菜肴的复合味主要是咸鲜味、咸甜味等。烧制时咸味不能过重，要突出白烧原料本身的滋味，味感要求醇厚、清淡、爽口。

第三，白烧原料熟处理常采用焯水、滑油、汽蒸等方法，这些方法在实施过程中，除了达到初步熟处理的目的外，还对原料在保色、提高鲜香度、增加细嫩质感等方面起到有效的作用。

第四，白烧菜肴成菜多数勾清二流芡，芡汁稀薄。

（3）干烧。干烧是指将加工切配后的原料，经过初步熟处理后，用中小火加热将汤汁收干亮油，使滋味渗入原料内部的烹调方法。干烧成菜不用水淀粉勾芡。干烧菜肴具有色泽金黄、质地细嫩、鲜香亮油的特点。适宜鱼翅、海参、猪肉、牛肉、鹿肉、蹄筋、鱼虾、鸡、鸭、兔、部分茎类、豆瓜类蔬菜原料。

烹调程序主要包括：原料选择→初步加工→切配→熟处理→调味烧制→收

汁装盘→成菜。

第一，选料加工。应选择具有软糯、细嫩质感和滋味鲜美等特色的原料，干货原料还应控制涨发程度。要最大限度地将干烧原料的腥膻臊涩等异味和影响菜肴质感的部分除去。

第二，切配熟处理。干烧的原料一般加工成条、块和自然形态，干烧前要经过油炸或滑油等方法熟处理，保持原料形整不烂，增加鲜香醇厚的滋味，缩短烹调时间。

第三，调味干烧。常用的复合味有家常味、咸鲜味、酱香味等味型，都需要两次调味：第一次是定味调味，在原料下锅后汤汁加热沸腾前进行；第二次是辅助调味，在菜品成熟后、收汁亮油的过程中矫味调制。

第四，收汁装盘。收汁应在干烧的菜品已基本符合烹调要求时进行，自然收汁，使烧制和收汁同时达到效果，汤汁基本收干。装盘要突出主料，丰满，清爽悦目。

5. 烩

烩，是指多种易熟或经初步熟处理的原料，直接或经刀工处理后一起放入锅内，经短时间加热调味、勾芡成菜的烹调方法。烩制的菜肴具有色泽美观、质地软嫩、清淡鲜香的特点。适合烩制菜肴的原料以鸡鸭、猪肉、鱼、海产品、笋、菌、根茎类蔬菜等为主。

烩的烹制程序和操作要领与烧基本相同，它因调味品颜色分为红烩和白烩。烩制时应注意：①原料要求新鲜无异味、滋味鲜美；②生料下锅的原料应为易熟原料，其余的在熟处理时一定要达到所需的成熟程度，使原料烩制时受热时间一致；③烩制菜肴的复合味主要是咸鲜味；④原料熟处理时要注意保色、保形，保持鲜香度，保持细嫩质感；⑤在烩制前一般都用姜葱炝锅取香味，在成菜前拣出不用；⑥烩制原料可以上浆。

6. 煮

煮，是指将加工处理后的原料或半成品放入汤汁或开水中加热成熟的烹调方法。一般先用旺火烧沸，再用中火或小火加热调味成菜。煮制菜肴具有质地细嫩、汤宽味鲜、汤菜合一的特点。鱼、猪肉、豆制品、蔬菜等类原料都适用于煮制菜肴。

烹调程序主要包括：原料选择→初步加工→切配→直接或熟处理→煮制调味→成菜。

（1）加工切配。选择新鲜无异味、质嫩易熟的原料。蔬菜类原料应削去粗皮、撕去老筋，猪肉原料要清洗干净。适合煮制的原料规格主要是丝、片。部分原料如带皮猪肉、鱼、豆制品、少数蔬菜，要经过初步熟处理再煮制。

（2）煮制调味。锅内加入鲜汤，放入加工处理后的原料，加入所需调味品调味，用旺火加热至沸腾，改用小火或中火继续加热至断生或刚熟、软熟起锅成菜。

7. 蒸

蒸又叫笼锅，是指将经加工切配、调味盛装的原料，放入蒸柜（笼、锅）内，利用蒸汽加热使之成熟或软熟入味成菜的烹调方法。由于蒸柜（笼、锅）内水蒸气的湿度已达到饱和并有一定的压力，所以蒸制的菜肴受热均匀，滋润度高；同时蒸制过程中原料都不翻动，所以成菜后具有形整美观、原汁原味的特点。蒸的适用范围非常广泛，无论是大型或小型、整形或散形、流态或半流态原料，还是质老难熟、质嫩易熟的原料，都可以运用此法成菜。根据原料的性质和菜肴的要求，蒸制过程中要正确掌握火候，正确使用不同的火力，控制蒸汽的大小和加热时间的长短。蒸既是一种简便易行的烹调方法，又是一种技术复杂、要求很高的烹调方法。

根据菜肴的蒸制方法及风味特色，通常将蒸分为清蒸、旱蒸和粉蒸三种。

（1）清蒸。清蒸是指主料经半成品加工后，加入调味品、鲜汤蒸制成菜的一种烹调方法。此类蒸法制作的菜肴质地细嫩或软熟、咸鲜醇厚、清淡爽口，汤汁体现本色、清香汁宽的特点。适用于鸡、鸭、鱼、猪肉等原料。

烹调程序主要包括：原料选择→初加工→熟处理→刀工→盛装→调味→蒸制→成菜。

第一，加工处理。清蒸对原料的新鲜程度要求较高，要具有良好的鲜香滋味。初步加工要洗净血污异味。原料在清蒸前一般需要进行焯水处理。对于整形或大块原料，一般用旺火沸水长时间蒸制；对于整形的鱼类或丝、条、片的小型

原料，一般用旺火沸水短时间蒸制。

第二，装盘调味。清蒸菜肴装盛分为明定和暗定两类。“明定”是指原料有顺序、按一定形态装盛，蒸制成菜后以原器皿上桌；“暗定”是指原料紧贴在蒸制器皿的一面，有顺序、按一定形态装盛，蒸制成菜后取出，翻扣在另一盛器内上桌。换言之，明定的装饰在器皿表面，暗定的装饰在器皿底面；明定不翻扣，暗定要翻扣入另一器皿。清蒸的复合味型以咸鲜味为主，也有家常味、剁椒味、豉汁味等味型。常用的调味品有精盐、胡椒粉、味精、姜、葱、小米椒、野山椒、豆豉茸、黄椒酱等，根据菜肴品种来决定所需的味型。

第三，蒸制成菜。对于要求成熟程度是软熟的菜肴，多用旺火沸水长时间蒸制；对于细嫩质感的菜肴，多用旺火沸水速蒸或中火沸水慢蒸。要掌握好菜肴的成熟程度，选用相宜的蒸制方法。清蒸菜肴要求成菜后及时上桌食用。

（2）粉蒸。粉蒸是指将加工切配后的原料用各种调味品调味后，加入适量的大米粉拌匀，用汽蒸至熟软滋糯成菜的一种烹调方法。粉蒸菜具有质地软糯滋润、醇浓鲜香、油而不腻等特点。适宜鸡、鱼、猪肉、牛肉、羊肉和部分根茎类、豆类蔬菜原料。

烹调程序主要包括：原料选择→刀工处理→调味→拌入米粉→直接或加入辅料装入盛器→蒸制→成菜。

第一，选料切配。应选用质地老韧无筋的牛羊肉或鲜香味足、肥瘦相间的带皮猪五花肉，或质地细嫩无筋、受热易熟的鸡、鸭等原料。刀工以条、片、块等规格为主。

第二，调味。粉蒸的菜肴调味后要放置一定时间，使调味品渗透入味。粉蒸菜肴的复合味型较多，常用的有咸鲜味、五香味、家常味、麻辣味等。要根据原料的特性和成菜要求决定味型，突出菜肴的风味特色。

第三，拌入米粉。要根据原料质地老嫩和肥瘦比例来决定加入米粉的量。原料与米粉的比例一般控制在 10 ∶ 1 左右。个别菜肴要加入适量的油脂和鲜汤，加入的量要适当，确保其干稀度恰当，才能保持菜肴的特色风味和滋润性。

第四，装入盛器蒸制。盛装原料要尽量疏松，不能压紧压实，以免成熟不均匀和影响成菜后疏松程度。牛羊肉等质感细嫩软糯的菜肴，以旺火沸水速蒸为主。带皮猪肉、鸡鸭等质感软熟滋糯的菜肴，以旺火沸水长时间蒸为主。带皮原料定碗应皮向下摆放整齐，辅料盖在面上，蒸熟后翻扣在盘碗中。

（3）旱蒸。旱蒸又称扣蒸，是指原料经过加工切配调味后直接蒸制成菜的烹调方法。部分菜肴蒸制前还需要加盖或用皮纸封口。旱蒸菜肴具有形态完整、原汁原味、鲜嫩或熟软的特点。适用于鸡、鸭、鱼、猪肉、部分水果、蔬菜等原料。

烹调程序主要包括：原料选择→加工处理→调味蒸制→装盘→成菜。

第一，加工处理。旱蒸应选用新鲜无异味、鲜嫩、具有熟软质感的原料；动物性原料洗涤干净后焯水，再加工成条、块、片状；水果、蔬菜要削皮或剜核。

第二，调味蒸制。旱蒸的动物性原料除部分菜肴如咸烧白、灯笼鸡等调制复合味后蒸制直接成菜外，大部分菜肴蒸熟后还需要辅助调味才能成菜。调味宜淡不宜浓。蒸制时应根据菜肴的具体要求，直接蒸制或加盖，或用猪网油盖面，或用皮纸封口。但均不加汤汁。

第三，装盘成菜。旱蒸成菜后，有的直接翻扣入盘成菜，如咸烧白、龙眼烧白等；有的要灌清汤或奶汤后上菜，如竹荪肝膏汤、带丝肘子等；有的菜品要淋糖液或撒白糖，如八宝瓤梨等；有的要淋味汁或配味碟，如姜汁中段、旱蒸脑花鱼等。

8. 炸

炸，是指将经过加工处理的原料放入大油量的热油锅中加热使之成熟的烹调方法。炸的应用范围很广，既能单独成菜，又能配合其他烹调方法成菜，如熘、烧、蒸等。炸的技法以旺火、大油量、无汁为主要特点。炸时油量一定要淹没原料，否则原料受热不均匀，不能形成油炸菜肴特有的外皮酥脆的质感。用于炸的油温变化幅度很大，有效油温在 80℃～230℃。炸的火力有旺火、中火、小火之分，还有先旺后小或先小后旺之别。油的热度，有旺油、热油、温油之分，还有先热后温或先温后热之别。原料炸时要善于用火，调节油温，控制加热时间，掌握油炸的次数，才能炸制出不同风味的可口菜肴。

根据菜肴制作方法和质感风味的不同，主要分为清炸、酥炸、软炸、卷包炸等。

（1）清炸。清炸是指将原料加工处理后，不经挂糊上浆，只用调味品码味浸渍，直接放入油中用旺火加热使之成熟的烹调方法。清炸菜肴的特点是色泽

金黄、外脆内嫩、鲜香可口。适合清炸的原料主要是新鲜易熟、质地细嫩的仔鸡、兔、猪里脊肉、猪腰、猪肚仁、鸡鸭肫肝等。

烹调程序主要包括：原料选择→加工处理→码味→清炸→装盘配味→成菜。

第一，加工处理。原料经过清洗后进行刀工处理，部分原料保持整形或剞成花形，要求形体大小均匀，剞刀的深度一般为原料的三分之二；整形或较大的原料如鸡腿要用刀尖在原料上均匀地戳几刀，便于入味和清炸时容易成熟。

第二，码味。清炸的原料必须进行码味，浸渍一定时间。浸渍时间应根据原料性质和形状的大小来确定。码味一般都选用精盐、姜、葱、料酒等调味品。

第三，清炸。原料基本上都采用复油炸。第一次初炸用旺火，150℃左右油温炸至断生并定型，第二次复炸用旺火，220℃左右油温炸至外香脆捞出盛盘。整形原料因形体较大、不易熟透，应选用间隔炸使之成熟，以复油炸达到外脆内嫩质感。

第四，装盘成菜。整形原料装盘时要用干净的毛巾包裹住轻轻挤压定型；一般都配上相应的味碟或者配上生菜才能成菜。

（2）酥炸。酥炸是指将原料加工码味后经熟处理至软熟，或将原料加工成糕状半成品，直接或挂糊拍粉后放入高油温锅中加热成菜的烹调方法。酥炸菜肴具有外酥松内软熟、细嫩的特点。适宜酥炸的原料选择范围较广，有家禽、家畜、鱼虾等动物性原料和糕状半成品。

烹调程序主要包括：原料选择→初步加工→码味或制泥→蒸、烧、煮或糕蒸→直接或挂糊或拍粉→酥炸→装盘成菜。

第一，原料加工。酥炸原料的初加工方法有很多种，部分需要出骨，还有些需要整料出骨。

第二，码味或制泥。原料在熟处理前需要码味，用调味品将原料内外抹匀，浸渍一定时间使其入味。部分原料需加工成泥茸，再与鸡蛋、淀粉、清水、精盐等调、辅料搅拌制成泥糊状。

第三，原料熟处理。酥炸的原料必须经过蒸、煮、烧、卤等熟处理制成软熟状态，如鸡、鸭、猪、牛、羊肉等，或细嫩质感的半成品如鸡、兔、鱼、虾等糕类，凉透后切成厚片或条形。

第四，挂糊或拍粉。一般需挂糊或拍粉的都是无骨或肉糕的半成品，适合酥炸的糊有全蛋淀粉糊和脆浆糊等。拍粉包括面粉、淀粉、面包糠、芝麻粉等，根据菜肴需要选择使用。挂糊或拍粉的方式有单纯挂糊或拍粉，也有先挂糊再拍粉。

第五，酥炸。不论是否挂糊拍粉，酥炸都采用复油炸。第一次初炸用旺火，150℃左右油温炸定型、微黄捞起；第二次复炸用旺火，220℃左右油温炸至外皮酥松发脆、色泽金黄捞起装盘。

第六，装盘。整形菜肴酥炸后要立即刀工，处理成条、块或片状，装盘还原成型，及时上桌食用。

（3）软炸。软炸是将质嫩的原料加工处理成较小的形状，经码味、挂糊后放入中温油锅中加热至酥软成菜的烹调方法。软炸菜肴具有外香酥内鲜嫩的特点。适合软炸的原料主要是鲜嫩易熟的鱼虾、鸡肉、猪里脊肉、猪腰、猪肚仁、鸡鸭肫肝、土豆、口蘑等。

烹调程序主要包括：原料选择→加工处理→码味→挂糊→油炸→装盘→成菜。

第一，加工处理。软炸的原料需要去骨去皮，除净筋膜。为了增强味的渗透和细腻质感，可先在坯料上剞一定深度的刀口，再按菜肴的要求切成小块、小条等形状。

第二，码味。常用的调味品有精盐、胡椒粉、料酒、姜、葱。这些调味品增香除异效果好，也不会影响成菜后的颜色。码味时咸味程度要高一些，基本达到成菜咸味的标准，但也应该保证成菜后蘸椒盐或甜面酱、辣酱等复合调味品时，不觉得味咸。码味浸渍的时间在 10 ～ 20 分钟，保证入味效果。

第三，挂糊。软炸所挂的糊主要是蛋清糊、全蛋糊。应根据原料的水分含量、细嫩程度，掌握好糊的干稀稠度，一般以保持糊在入油锅前不流、不掉为准。挂糊的厚薄以油炸中能控制原料水分、保证细腻，成菜后达到外酥香、内鲜嫩、有原料本鲜味为准。

第四，炸制。软炸以复油炸为主，第一次用中火，五成热油温，将原料分散入锅，炸至八成熟、定型、呈浅黄色捞起；第二次用旺火，约七成热油温，

炸至刚熟、外皮酥、呈金黄色捞出，滗尽炸油，淋香油簸匀装盘。

第五，装盘。一般软炸菜肴装盘都要配糖醋生菜、椒盐味碟或葱酱味碟，应根据菜肴原料的性能和菜肴间组合的需要进行选择，以突出原料的性能和达到菜肴的最佳食用效果。

（4）卷包炸。卷包炸是卷炸、包炸的合称，指将原料加工成丝、条、片形或粒、泥状，与调味品拌匀后，再用包卷皮料包裹或卷裹起来，入油锅中加热至成菜的烹调方法。卷包炸菜肴具有外酥脆内鲜嫩的特点。用于包裹、卷裹的皮料必须用可食性蛋皮、猪油网、腐皮、面皮、糯米纸等。适合卷包炸的原料主要是鱼虾、鸡鸭肉、猪肉、猪腰、冬笋、火腿、蘑菇、荸荠（慈姑）等嫩脆原料。

烹饪程序主要包括：原料选择→刀工处理→调味→卷包→油炸→装盘→成菜。

第一，原料加工。用于包炸的原料大多切成丝、小条、片形，用于卷炸的原料宜加工成小丁、粒、泥状。

第二，调味。卷包炸的馅料适宜调制成咸鲜味，醇厚鲜美。要控制好原料的嫩度和稠度。

第三，卷包裹制。卷包的皮料都是可食的，卷裹时做到粗细厚薄均匀，以卷裹两层为宜，皮料的交口处抹蛋清淀粉粘牢。卷包的皮料以糯米纸、面皮、蛋皮为主。

第四，炸制装盘。卷包后的半成品直接油炸或改刀后再炸，部分还需先蒸制断生，再用高温热油炸至色金黄皮酥脆成熟，捞出改刀装盘；包裹的半成品应在临上菜前现包裹现油炸，趁热装盘上菜。卷炸的菜肴装盘后，有的还应配葱酱或椒盐碟或糖醋生菜等同时上桌食用。

9. 煎

煎，是指在锅内加入少量油，放入经加工成泥、粒状的饼或挂糊的片形等半成品，用小火加热至一面或两面酥黄内熟嫩成菜的烹调方法。成菜具有色泽金黄、外酥内嫩的特点。适用于猪肉、牛肉、鸡、鸭、鱼、虾、鸡蛋等和部分嫩脆植物原料。

烹调程序主要包括：原料选择→刀工处理→调味挂糊→煎制→装盘→调味

成菜。

（1）原料选择。由于加热方式较独特，原料受热成熟较慢，故一般选择新鲜无异味、质地细腻、嫩脆易熟的原料，如禽畜鱼虾、鲜豌豆、蚕豆、火腿、荸荠、冬笋等。

（2）刀工处理。为了易于成熟，一般将原料加工成颗粒、肉泥及饼、片等形状。

（3）调味挂糊。主辅料加工成颗粒、肉泥等形状的，要用鸡蛋、水淀粉、味精、精盐等搅拌成较稠的糊状半成品，塑成饼状或用土司、肥肉、馒头片等作底板进行煎制；而加工成饼、片等形状的半成品，直接粘裹全蛋淀粉糊或先拌入鸡蛋液后再粘裹一层干淀粉、面粉、面包糠或馒头粉进行煎制。

（4）煎制装盘。将调味挂糊处理后的饼或半成品放入专用煎锅，加入少量油，用小火煎至一面或两面酥黄内熟嫩即可装盘。

（5）调味：①装盘后配上椒盐味碟、糖醋生菜成菜；②装盘后浇上烹制好的复合味汁，如鱼香味汁、茄汁味汁等。

10. 煸

煸又称干煸，是指将加工切配后的原料放入锅内加热，不断翻拨，使之脱水成熟、干香滋润成菜的烹调方法。煸制菜肴具有色泽红亮、干香滋润、软嫩化渣的特点。多用于纤维较长或结构紧密的动物性原料如牛肉、猪肉、鱿鱼、鳝鱼等，以及质地鲜嫩水分较少的根茎果类原料如茄子、苦瓜、豆角、豆芽、冬笋、茭白等。辅料多选用蒜薹、冬笋、芹菜、韭黄、豆芽等富含辛香味和质地脆嫩的原料，帮助增加干煸菜肴的香味，形成良好的质感。

烹调程序主要包括：原料选择→切配处理→码味→滑油或直接煸→干煸烹制→调味→装盘。

（1）原料选择。适宜干煸的原料应选择细嫩无筋的动物性原料和新鲜细嫩或辛香味浓的根茎类蔬菜。

（2）切配处理。原料一般切成丝、条、滚料块形状，如鳝鱼、牛肉、苤蓝、苦瓜等，或像豆芽的自然细小形状，有利于把原料水分煸干。

（3）码味。多数原料在烹制前都需要码味，以除去腥膻臊味或多余的水分，

保持原料脆嫩质感。码味的调味品通常是精盐、料酒。

（4）滑油煸制。一般动物性原料和部分植物性原料在干煸前宜放入四五成热油中进行滑油处理，滤油后再反复煸炒至干香滋润油亮。滑油处理利于迅速煸干原料水分，缩短干煸时间，又能保持原料色泽和质感。注意有些植物原料不需滑油，直接用旺火煸干水分即可。

（5）调味装盘。原料干煸至所需程度，加入辅料炒断生，再加入调味品，翻炒均匀即成。

第三节 烹饪中菜肴组配设计与装盘技术

一、烹饪菜肴组配设计

（一）菜肴结构要素及意义

菜肴组配工艺，是指将各种相关的可食性原料有规律地按照一定质和量有机组合，使其通过加热即可形成一份完整菜肴或调味后可直接食用的菜肴的操作过程。一份菜肴包括主料、辅料、调料三大部分。

主料在菜肴组配中占据主导地位，是形成个性菜肴的核心，它所占的比例最大，约占整个菜肴组配用料的60%以上，主要表现菜肴风味特性及原料个性。

辅料仅次于主料地位，其作用是从属、陪衬、点缀主料，在原料品质和风味的表现上略低于主体原料，数量少于主料，占菜肴组成的20%～30%，规格也略小于主料。

调料又称调味品、调味料，指在烹调过程中主要用于调和食物口味的一类原料的统称。如盐、酱油、胡椒粉、香料、人工合成色素、天然色素、合成添加剂等。调料在菜肴中起着非凡的作用，是确立菜肴的味型及丰富菜肴口味的重要环节。它的作用非常大，但用量很少，占据菜肴组成比例10%左右。

在菜肴组配上，主料起着主导地位，是确立菜肴内容的核心。相对讲，主料的品种、数量、质地、形态结构都有一定的要求，是按照菜肴预先设计而定，它基本不变。而辅料在菜肴组配中起着辅助、补充、点缀、烘托主料的作用，往往受条件限制和影响，时常会发生一些变化，可变因素较大。如四川回锅肉中的辅料，一般情况下采用蒜苗衬托主料，但因季节、环境变化，也可选用大葱、青椒等替换。因此，菜肴规格质量的确定，是保证菜肴价格、营养成分、烹调方法、口味、形态、色泽等的发挥。

菜肴组配工艺在烹调加工中起着举足轻重的作用，决定和确立菜肴的规格质量，同时也是鉴定菜肴品质和确定其运用方向的重要依据，它在烹调工艺流程中紧随刀工操作、在菜肴制作之前，是初坯菜肴定性的一项重要环节，并为菜肴定量、规范化操作、提高成品的稳定性提供先决条件。

菜肴组配按照其配制的内容可分为单一菜肴的组配和多种菜肴的组配两类。两类组配考虑的内容不同，单一菜肴的组配主要考虑组成菜肴的原料之间的合理搭配，而多种菜肴的组配则更多考虑菜肴与菜肴之间的搭配。但是究其搭配的本质，还是落实到构成菜肴的各原料之间的搭配。通过对单个菜肴或多种菜肴原料合理有效的组合、搭配，可以确定菜肴的主体风味和成本，同时也为菜肴设计与创新提供思路和手段。因此，菜肴组配工艺在实际工作中具有非常重要的意义，主要表现在以下方面：

第一，营养卫生的确立。依据人体对营养物质的需要，在对菜肴组配时要注意对六大营养素的充分考虑和平衡，强调食物的酸碱平衡，注重各类食物之间的比例配搭，同时充分考虑食物中营养素的损失情况，合理有效地整合，使其更加满足人体对营养的需求。另外，在讲究菜肴营养组配的同时，也注重食物安全性的选择，要求无毒、无病虫害、无农药残留物。组配菜肴时，对原料分隔放置及处理，减少或避免食物交叉污染，配置餐盘与成菜餐盘分开放置。

第二，菜肴风味的确立。菜肴风味泛指人们通过嗅觉、视觉、触觉、听觉、味觉、温觉等对食物变化感受的一个综合反映。依据原料本身的色、香、味，按照人们习惯的接受方式，将各种原料巧妙组配在一起，形成独具风味的菜肴，从而确立菜肴的倾向性特征。

第三，筵席规格及质量的确立。筵席的规格及质量构成，是由多种或几组菜肴组配而成的，通过菜肴组配的数量、质量、加工难易程度、个性菜肴风味倾向性，最终确立筵席的规格、档次和风味性。

第四，菜肴个性表现形式的确立。对不同的原料，根据其个性倾向性，加工前期质地与加工中及后期变化，再根据菜肴最后设计风格，加以组配，最大限度地表现不同种类原料的不同性能，形成独特造型，为菜肴组配“一菜一格”提供丰富特定的形态结构。

（二）菜肴组配的工艺形式

菜肴组配按照运用，大致分为单个菜肴组配和套餐菜肴组配两大类。单个菜肴组配是将不同种类的原料，按照其性质、个性特征、个性倾向性，根据菜肴最后运用方向和要求，进行适当的搭配，使其可以独立加工成菜肴。套餐菜肴组配是将单个菜肴进行合理组配，形成一整套菜点，其中最具代表性的套餐就是我们常说的“筵席”，是将单个菜肴加以巧妙配搭，充分体现筵席的特征风味，形成和表现地方风味的一个重要标志，也是单个菜肴组配的集中体现，反映了餐厅和烹调师综合技能的水平。

1. 单个菜肴

单个菜肴（单一菜肴）即一个独立而完整的菜肴。其原料的组配形式包括：①按菜肴的冷热不同，分为凉菜配制和热菜配制；②按菜肴的艺术性不同，分为一般菜配制和工艺菜配制；③一般菜配制可按用料种数不同进一步细分。

2. 套餐菜肴

套餐菜肴（筵席菜肴）指由数个不同种类的单个菜肴组合的一整套菜肴，通常由凉菜和热菜共同组成。根据其档次、规格的不同，它可分为便餐套菜和筵席套菜两类。便餐套菜档次较低，不太讲规格，可由凉菜和热菜组成特色菜肴菜谱，也可只用数个热菜，一般不用工艺菜。筵席套菜档次较高，强调规格，一般由多个凉菜和热菜组成，并把菜肴分为冷碟、风味热菜、主菜等，可以穿插，常用工艺菜。

（三）菜肴组配方法与要求

1. 菜肴组配的方法

根据菜肴最后成菜的特性，按比例和要求进行组配。按照菜肴组配习惯性，大致有以下三种组配方法：

（1）单一原料组配方法。这种方法是指在菜肴组配实体中，由一种主体原料构成菜肴。在组配上，所选用的主体原料具有独特性、新鲜度高、品质精良，菜肴形成后，体现为鲜、素、雅致、本味等特色。如蒜泥白肉、五香熏鱼、清蒸江团、清炖全鸡。

（2）主、辅料组配方法。主、辅料组配方法是指菜肴组配中，由主辅料最终形成菜肴结构的组配。主辅料是按一定比例关系构成。主料在菜肴组配中起作为主体和突出表现作用，是菜肴个性倾向性的重要标志，是菜肴中的魂。辅料起着烘托主体、修饰主体的作用，具有辅佐功能。主料在选用料上多为动物性原料，是菜肴质的保证，而辅料多见于植物性原料或增补性用料，用以弥补主体原料的不足之处。主料和辅料量的配置比例多为8∶2、7∶3、6∶4三种形式，同时辅料的规格略小于主料规格。主辅料组配方法在菜肴组配中占三分之二，运用十分广泛和普遍。如鱼香肉丝、回锅肉、家常海参。

（3）均衡料组配方法。均衡料组配方法是指菜肴组配中，由两种或两种以上原料按照相等的数量、比例配搭，无主辅之分的组配。此法组配重点突出原料的个性特征、质感、色差、互补性等，使组配的菜肴内容更加丰富。在组配时要考虑原料的个性差异、加工中的难易程度、口味差异，在数量方面作相应的调整，使其更加适合人们味觉和视觉的审美情趣。均衡料组配的代表菜肴有素烩什锦、三色鸡元、红烧三鲜。

2.菜肴组配的要求

（1）熟悉原料市场供应情况及餐厅库存情况。配菜人员要熟悉原料市场供应情况与采购运销的变化以及本单位的库存情况，以便确定本餐厅目前可以供应的菜品并保证其使用，或提供采购意见，灵活采用时鲜原料，减少积压，降低成本。

（2）熟悉菜肴名称及制作特点。配菜人员要对本餐厅供应的菜品名称及制作特点了如指掌，要熟悉刀工技术和烹调方法，能做到迅速准确配料，保证成菜符合特色风味。

（3）掌握菜肴质量标准及成本核算。配菜人员必须掌握本餐厅供应菜品的质量标准，以及所用原料从毛料到净料的损耗率，菜肴中每个菜的主料、辅料、

调料的质量、数量和成本，配菜时做到料足量准，成本与价格合理。

（4）熟悉各原料品质及各部位特征。烹饪原料品种繁多，各具特色，在选料时应扬长避短，充分体现原料的优势，使制作出的菜肴色、香、味、形、质等都达到要求。因此，不熟悉原料的品质及部位特征就不能作出正确选择。

（5）讲究营养卫生。原料含有各种营养成分，配菜时必须按照人体对营养素的需求，将原料进行科学合理的搭配，使菜肴营养合理丰富。同时还要使配制出的菜肴符合卫生要求，使制作出来的菜品卫生、安全。

二、菜肴装盘造型工艺

（一）凉菜的装盘方法

凉菜有时也叫开席菜，最先与消费者见面。凉菜装盘的好坏直接影响着消费者对餐厅的印象，所以，在菜肴制作过程中都非常注意对凉菜的装盘。凉菜装盘与刀工处理紧密相关，原料经过刀工处理后，根据成菜的具体要求进行适当的装盘。

1. 步骤

（1）垫底。装盘时将辅料或刀工不成形的主料放入盘中垫底，使最后装盘显得丰满，如红油鸡片装盘时，先放入适量葱丝和部分较碎散的鸡片放在盘中，堆成圆形垫底。

（2）装边。装边又称盖边，注重大小规格，讲究刀法技巧。采用比较整齐的熟料，或加工处理后的可食性原料，刀工处理后摆放在垫底原料的周围，做到原料形状长短、大小、厚薄一致，整齐规范。

（3）装刀面。装刀面又称盖面。把质量最好的熟料或加工处理后的可食性原料均匀地排叠在熟菜墩上，右手握刀，将熟料铲放在刀上，左手掌托起放在盘中间盖在最上面。盖面的原料经过严格的刀工操作，刀口整齐一致，原料表面刀口平整、厚薄均匀、长短一致、排列美观整齐。如仔姜鸭片，可将烟熏鸭取净肉（带皮），采用斜刀片成片，整齐摆放，再盖在菜肴的最上面，盖住上一步留下的缺口，成菜美观整齐。

2. 手法

（1）排。排是指将原料规格地排列，再用刀铲起，用手压住原料准确地放在盘中。各种熟料可以取各种形状和不同排法，有的适宜排成锯齿形、桥形、一封书或三叠水，有的适宜逐层和配色间隔排列等。

（2）堆。原料成形多样，有丁、丝、块、片、粒、十字花形等，在装盘方法上，就是把菜肴堆入盘中。在堆的技法上，应先将形好的放在一边，再将成形较差且不均匀的放在盘中，把形好的放在上面。可以堆放成宝塔形、正方形、三角形等各种形状。

（3）叠。先将原料加工成片状，整齐地叠放起来，再叠成梯形、长方形、正方形等形状。叠时需要与刀工紧密结合，切一片叠一片，或切数片摆放在一边，然后用刀铲起盖在已垫底围边的原料上。叠的原料以韧性和软脆性原料为主，如卤牛肉、叉烧肉、老腊肉、爽口黄瓜等。要求间距整齐、厚薄相等、规格一致、保持刀路。

（4）围。围是指将切好的原料排列整齐，右手用刀铲起原料，左手压住原料，放到垫底原料周围，形成环状，排列整齐围绕一圈。另一种“围”是将凉菜分三个步骤完结后，采用和主料颜色相反的原料如水果、番茄、黄瓜等层层围绕，显示出层次和花纹。在主料周围围上一圈不同的颜色叫“围边”。有的将主料围成花朵形、树叶形、荷花形，中间点缀一点配料成花心，叫“排围”。此种方法使菜肴更富技术性和艺术性，突出了菜肴的美观。

（5）摆。摆又称贴，是用来拼装花色冷盘的技法，运用不同的刀工技法，采取不同色彩原料，使用不同形状，按照菜肴名称拼摆成各种花式或图案形象，如金鸡报晓、蝴蝶恋花、大地回春等。这需要有一定的操作技巧和艺术修养才能将菜肴摆成形态逼真、生动活泼、富有艺术的工艺式菜肴。要求烹饪工作者具备一定的美术知识和艺术修养，同时有娴熟的刀工技术，在工作态度上要做到心静、细心、认真。

（6）复。复又称扣。先将原料通过严格的刀工，然后把原料排列整齐放入碗中，摆成和尚头、风车形、三叠水等，再翻扣在平盘内，这种方法叫复。如红油鸡片类菜肴，将加工成片符合规格要求的鸡片，放入碗中摆放整齐，再翻扣在盘中成菜。

（二）热菜的装盘方法

1. 炒、爆、熘、炸菜肴的装盘方法

炒、爆、熘、炸，此类烹调方法要求原料形小、易熟，烹饪技术要求快捷熟练，成菜时间要求短，其装盘有以下三种方式：

（1）端锅左右交叉轮拉法。该法一般适用于形态较小的不勾芡或勾薄芡的单份菜肴的装盘。菜肴烹制完成后，将洁净餐盘摆放好，将菜肴用炒勺推匀，端锅翻转菜肴，用炒勺装菜入盘。也可将锅倾斜，用炒勺将菜肴慢慢拚入盘中堆放，形成有一定高度的坡度形，再将形色好的、较大的堆放在上面。装盘时形小的主料垫在下面，形色好的、较大的堆放在上面，使菜肴装盘得体、美观大方、形状饱满。

（2）端锅倒入法。该法一般适用于原料质嫩易碎勾芡的菜肴。菜肴烹制完成后，将盛菜盘摆放好，迅速将菜肴较轻地全部倒入盘中。另外，菜肴在翻锅时，应先转动菜肴，翻转菜肴一次完成，翻料时精力集中，翻锅和推料手法正确，两手配合灵巧，动作迅速。要控制翻料高度，防止油汁溅出伤人。

（3）分主次倒入法。这类方法一般适用于主辅料较明显的菜肴，在装盘时先将烹制好的辅料装入盘中，再将主料放在辅料上面覆盖，最后用炒勺浇上味汁成菜，使菜肴明显突出主料。

2. 烧、炖、焖、煨菜肴的装盘方法

烧、炖、焖、煨，这些烹调方法多使用形较大或块形、质地较老韧以及整形的鱼、甲鱼、鸭、鸡、猪肘、猪蹄等原料。除有些炖、焖、烧、煨的菜肴需要用煨锅、砂锅上桌外，在盛具选择上，多采用大号圆凹盘，或大号长凹盘。装盘一般有以下方法：

（1）拖入法。拖入法一般适用于整形原料，以烧制鱼类菜肴装盘较为普遍。鱼烹制成熟时，先将鱼头向左，再将锅成一定斜度（鱼头方放低，鱼尾部略高）放置。然后左手拿鱼盘，右手拿竹筷插进鱼鳃处，迅速将整鱼拖入盘中。拖时锅不宜离盘太高，盘一方与锅平行，盘另一方略高，否则鱼易碎，影响鱼的完整性。另外，盘也不能紧靠锅边，防止锅边污物掉入盘内，影响菜肴美感。

（2）盛入法。该法一般适用于不易碎烂的块形原料，在菜肴组配上都以块

状组合形成菜肴。装盘时应注意：①先转动锅，准确地将较小的或形状较差的原料盛入炒勺中，再将原料装入盘中。接着将大块、形状好、美观艳丽的原料放在上面，并将不同原料搭配均匀。②在翻接原料时不能将原料戳破、戳烂。翻料时应掌握翻料和炒勺接料的配合，翻料时采用炒勺接料，减少原料戳烂的现象。③盛料时应尽量避免盛器污染，做到炒锅和盛器保持一定距离，保证菜肴卫生和装盘质量要求。

（3）扣入法。根据菜肴的不同需要和要求，将加工后的原料在碗中整齐排列，合理搭配或配色形成菜肴，经加热成熟后，装盘时采用倒扣入盘的方法。扣入法盛装时应掌握四点：①将菜肴整齐、等距离、紧密地排放在碗中装好；②排放时应将原料的表皮放入碗底，先排好的、后排差的，先排主料、后排辅料，盛装入盘时端起菜肴反扣即成；③菜肴原料排放时以平碗口为好，原料不能太多，多则易散塌，影响美观。但排放时原料也不能太少，少会使菜肴翻扣时下陷不丰满；④原料排放好后，可放辅料、调料或汤料蒸制，也可浇部分味汁。出菜时一手端起蒸碗，一手拿盛器配合协调，迅速翻扣入盘中，再将蒸碗拿掉，形成菜肴。

采用扣入法装盘的菜肴可以成菜后调味、浇汁或灌汤等。

（4）扒入法。该法一般适用于排列整齐的菜肴，成菜装盘后仍保持原有形状。此类装盘应掌握：锅洗净，先淋入适量的油，再将排列整齐的原料放入，转动炒锅，采用大翻，保持锅中的原料形态完好，成菜后趁热迅速将菜肴扒入盘中，不破坏排列的形状。装盘时应将锅倾斜，锅不宜离盘太高，一面转动锅，一面将锅斜放使原料向锅边移动，不破坏菜肴形状，轻松而整齐地将其扒入盘中。

3. 整只或大块原料的装盘方法

（1）整鸡、整鸭的装盘方法：①鸡、鸭的胸部肌肉丰满，背部脊骨突出，应该将胸部向上、背部向下；②鸡、鸭的颈部较长，头应弯转紧贴在背部和翅膀旁边，使形态自然丰满。

（2）整鱼的装盘方法：①整鱼大多装入条盘中，装盘时应将剖腹处向下，完整的背部向上；②凉菜双拼全鱼应选用大小一致、长短相等的两条鱼，肚腹部向盘中、背部向外，相互紧靠在一起，如葱酥鲫鱼；③鱼装盘后，对于要淋

汁的全鱼，头部可多浇淋一些味汁，其余部位应浇淋均匀。

（3）蹄膀的装盘方法。蹄膀外皮圆润饱满，应将皮向上、肉骨向下。方形五花肉也同样肉皮向上，如焦皮肘子，外皮起皱、色泽棕红、皮色油润光亮。在装盘时应将外皮面放在表面，体现蹄肘丰满圆润、外形美观。

（三）菜肴装盘造型的原则

第一，内容形状要结合。装盘造型的原料应与菜肴特征相符，否则会产生不协调感。菜肴对配形没有具体要求，应根据菜肴的内容作相应的装饰，如采用鲜花、雕刻的虫、鱼、鸟、兽进行点缀；有时装饰物还可以深化菜肴的内容，使消费者对菜肴有更深的了解，如鱼类菜肴装饰时可点缀一个雕刻的渔翁，取名“渔翁垂钓”，使菜肴既主题鲜明，又富有诗意。

第二，色彩要协调。装盘造型的色泽应和菜肴的色泽相协调，目的是衬托菜肴，增强进餐人员的就餐氛围，使就餐者从视觉、味觉等方面感觉到与菜品美妙结合。在色彩的协调上，菜点色泽较深如棕红、棕褐色、红色、炭褐色，以及菜肴成形多样、数量多样、色彩多样的，在装饰上可选色彩素雅清淡的。总之，装饰的色彩和菜肴成菜色彩要有一定反差和区别，才能突出菜肴，使色彩协调。

第三，口味要一致。菜肴装盘造型的目的是使菜肴达到美观大方，使就餐者对美食产生兴趣、增加食欲。菜肴成菜盛盘后，为了更加美观，可以进行造型。在造型细节上，造型原料应与菜肴口味一致，尽可能不与菜肴产生味的反差性。如甜味菜肴装饰应考虑配水果及蜜饯类，如银耳、水蜜桃、龙眼荔枝等。

第四，与菜肴档次相符合。菜肴装盘造型要和菜肴档次相符合，原料价格高、菜肴质量好的，装饰应精细美观；反之，一般菜肴装饰不需过于繁琐，要简洁明快。

第五，符合卫生安全要求。菜肴装盘造型一方面给就餐者艺术和美食的享受，同时又必须确保菜肴符合卫生安全要求。①整个操作过程必须严格按照卫生安全要求进行，注意操作规范；②选择装盘造型的原料必须以卫生、安全为前提，不能把有害人体安全和健康的原料作为造型装饰原料，采用鲜花装饰应选用可食鲜花，而且要求新鲜；③装盘造型时菜肴不能长时间暴露在常温条件下，要求操作时间短，动作迅速。

第四章　烹饪营养学基础及联系

第一节　营养学基础分析

一、营养学相关概念

营养是指人体通过向外界摄取各种食物，经过消化、吸收和新陈代谢，以维持机体的生长、发育和各种生理功能的生物学过程。营养是一个动态的过程，其中任何一个环节发生异常，例如摄入的食物种类数量不能满足人体需要，或是消化不良，或是不能利用某种营养成分，都可能影响营养，从而损害健康。

营养学是指研究人体营养过程、需要和来源以及营养与健康关系的科学。营养学是一门范围很广的自然科学，它与预防医学、临床医学、基础医学、传统中医药学以及农牧业和食品工业有密切的关系。

营养素是指食物当中能够被人体消化、吸收和利用的有机物质和无机物质，包括糖类（碳水化合物）、脂类、蛋白质、矿物质、维生素和水，也有人将碳水化合物的膳食纤维独立出来，称为第七大营养素。其中碳水化合物、脂类和蛋白质的摄入量较大，在体内经氧化分解，能够产生一定热量，以满足人体热能需求，称为产能营养素，也称三大营养素。

二、营养素的功能和分类

（一）营养素的功能

营养素在体内的功能可以概括为以下方面：

第一，作为人体代谢的物质基础，提供人体从事各项活动所需要的能量。人在生命活动过程中，每时每刻都需要能量，即便是在安静状态下，维持呼吸、消化、心脏跳动等最基本的生理功能也需要能量，而这些能量都来自食物中的三大营养素。

第二，作为构成人体结构的基本物质，参与组织细胞的构成、更新与修复。人体是由数以千计种类和数以万计数目的细胞构成的，这些细胞的基本成分是水、蛋白质、脂肪，少量的碳水化合物、矿物质等，而这些物质也主要来源于食物中的营养素。

第三，作为调节生理功能的物质基础，维持人体正常的生理功能。人体的生命活动之所以能够有条不紊地运行，有赖于一些调节物质的调节，如酶、激素等，这些调节物质也主要来自食物中的营养素。

（二）营养素的分类

营养素按人体需要的多少，可以分为宏量营养素和微量营养素。宏量营养素指摄入量较大的碳水化合物、脂肪、蛋白质；微量营养素指需求量较小的营养素，一般指矿物质、维生素。

营养素还可以按其能否在人体内合成或合成的数量和速度能否满足人体需要，分为必需营养素和非必需营养素。必需营养素指不能在人体内合成，或合成的数量和速度不能满足人体的需求量，必须从食物中获得的营养素；非必需营养素指可以在人体内合成，而且合成的数量和速度能够满足人体需要，食物中缺少了也无妨的营养素。

三、合理营养与平衡膳食

人类的健康是一个全面的概念，它不仅包括没有疾病的存在，具有良好的工作状态以及长寿等，而且包括有一个完整的身心状态和具备对环境的适应能力。为了达到健康的目的，人们需要有合理的营养作为健康机体的物质基础。合理营养是指每天从食物中摄入的能量和各种营养素的量及其相互间的比例都能满足人体在不同生理阶段、不同劳动环境及不同劳动强度下的需要，并能使机体处于良好的健康状态。

合理营养是通过平衡膳食来达到的，它包括合理的膳食结构、食物的种类与饮食习惯等。平衡膳食是指由食物所构成的营养素，在一个动态过程中，能提供机体一个合适的量，不致出现某些营养素的缺乏或过多，从而达到机体对营养素需要和利用的平衡。

（一）合理营养与平衡膳食的内容

合理营养与平衡膳食的内容是非常广泛的，主要包括：主食与副食的平衡；酸性食物与碱性食物的平衡；杂粮与精粮的平衡；荤与素的平衡；饥与饱的平衡；寒与热的平衡；干与稀的平衡；摄入与排出的平衡；情绪与食欲的平衡；三种产热营养素作为能量来源比例的平衡；能量消耗量和在代谢上有密切关系的维生素B1、维生素B2、维生素B3（又称维生素PP、烟酸）之间的平衡；蛋白质中必需氨基酸之间的平衡；饱和与不饱和脂肪酸之间的平衡；可消化的碳水化合物与不可消化的碳水化合物（膳食纤维）之间的平衡等。

（二）合理营养与平衡膳食的基本要求

合理营养与平衡膳食应达到下列基本要求：

第一，摄取的食物应供给足够的能量和各种营养素，以保证机体活动和劳动所需要的能量；保证机体生长发育、组织修复、维持和调节体内的各种生理活动；提高机体免疫力和抵抗力，适应各种环境和条件下的机体需要。

第二，摄取的食物应保持各种营养素平衡，包括各种营养素摄入量和消耗量以及各种营养素之间的平衡。

第三，通过合理加工烹调，尽可能减少食物中各种营养素的损失，提高其消化吸收的效率，并具有良好的色、香、味、形，使食物多样化，促进食欲，满足饱腹感。

第四，食物本身清洁无毒害，不受污染，不含对机体有害的物质，食之对人体无明显和潜在的危害。

第五，有合理的膳食制度，三餐定时定量，比例合适，分配合理。一般三餐的能量分别占一日总能量的30%、40%、30%为宜。

第二节 人体所需的能量与营养

一、人体所需的能量

（一）能量的摄入

人体能量来源于每日摄入的食物，但是食物中只有碳水化合物、脂肪、蛋白质、膳食纤维和乙醇可以分解产生能量。食物在人体内经过一系列复杂的反应转化为能量，供给人体的正常运转，包括各脏器的物理化学活动、生长发育、肌肉活动等。能提供能量的营养素除乙醇之外普遍存在于各种食物中，包括碳水化合物、脂肪、蛋白质、膳食纤维。最经济的能量来源是谷物和薯类食物，因为谷物和薯类食物中含有丰富的碳水化合物。脂肪多存在于油料作物（如花生）中，动物性食物中含有更多的蛋白质和脂肪。

碳水化合物是人体最主要的能量来源，它在人体内主要被转化为葡萄糖的形式消化利用。优质的碳水化合物来源包括谷类、薯类、水果和豆类等。血糖指数是衡量碳水化合物消耗并转化成血糖的速度。由于葡萄糖不需要消化就可以直接进入血液，所以各种食物都与葡萄糖进行比较，设葡萄糖的血糖指数为100，以此作为与其他食物的对比基数。一般来说，低血糖指数的食物比较健康，在长时间提供能量的同时还可以增加饱腹感，如粗加工的谷类食物、水果和蔬菜等。

从化学结构上来说，膳食纤维是可消化或不可消化的多糖，也属于碳水化合物的一种。成人每天应该摄入25～38克的膳食纤维，有助于维持正常的血糖，降低心脏疾病患病的风险，同时减少便秘的发生。在运动过程中，可以选择一些富含膳食纤维、同时血糖指数又较小的食物，如橘子、香蕉、豆类、全谷类、甘薯等，来获得更好的运动效果。

脂肪是储备能源的物质，人体只有在运动时间较长或轻度饥饿时才会通过氧化分解脂肪来提供能量。丰富的脂肪一般存在于油类、花生酱、坚果类、蛋类、奶类及奶制品中。在合理的膳食计划中，人体每天都要摄入一定量的脂肪，用于合成一些人体必需的脂肪酸和运输脂溶性维生素A、D、E、K。

蛋白质是构成人体组织的基本原料，只有在人体长期没有进食或能量消耗极大时才会分解蛋白质来供能。优质的植物蛋白质来源于谷类食物（如面包大米）、豆类、水果和蔬菜，动物蛋白质一般存在于肉类食物（如肉、鸡、鱼）、奶类及奶制品和蛋类食物中。一般来说，日常食物的摄入已经可以满足正常人体对氨基酸的需要，不需要再额外补充。运动之后补充少量的蛋白质，有利于肌肉的恢复，对身体尽快恢复调整回原有的状态有一定的促进作用。

在能量摄入的过程中，我们还会摄入其他的营养素，它们有利于能量的代谢，维持细胞内外环境的液体平衡，例如维生素和矿物质。运动结束之后需要及时补充一些维生素和矿物质。维生素普遍存在于新鲜的蔬果当中，包括维生素B1、维生素B2、维生素A、维生素C、维生素D等。无机矿物质对维持骨密度发挥着极大的作用，同时有助于维持血液和组织的相对酸碱度；巨量矿物质是人体内含量较多的矿物质，包括钙、磷、镁、钠、钾和氯化物；微量矿物质在身体组织当中含量极小，但是作用仍然不可小觑，常见的微量元素有铁、锌、碘、硒、铜、锰和铬。在运动达到一定的强度和时长之后，补充维生素和矿物质也是十分必要的。

（二）能量的转化

人体正常运转需要能量，但是食物中的能量不能直接利用，需要经过一系列转化。人体通过呼吸作用吸入氧气，在体内进行氧化反应，使食物中的能源物质被氧化，产生二氧化碳、水，并释放出大量的能量。能量折算系数适用于衡量单位供能营养素氧化分解产生的能量。各种食物所含能量由食物中所含的营养素乘以对应的能量折算系数再相加得到。

人体正常活动需要能量不能从食物中直接得到。能量的直接提供者是ATP（三磷酸腺苷），这是一种高能磷酸键化合物。人的生命活动所消耗的ATP可以由营养物质在体内氧化分解所释放的能量不断从ADP（二磷酸腺苷）重新合成为ATP补充得到。

（三）能量的储存

食物中的供能营养素除了供给人体日常活动之外，多余的能量就会被储存

起来以备不时之需，除了形成少量的葡萄糖、肝糖原、肌糖原外，其余都转化为脂肪储存在体内。

能量在体内的储存形式主要有血液中的葡萄糖、肝脏和肌肉中的肝糖原和肌糖原、体内的脂肪。例如，人体通过饮食摄入的能量就像是一笔收入，如何利用这笔收入就是如何分配能量。如果收大于支，人体就会把暂时用不完的能量像存钱一样存起来，一部分是可以随时支配取用的糖原，一般储存在肌肉和肝脏当中，一部分是用于长期储存、以备不时之需的脂肪，相当于定期存款；而存在于血液当中的葡萄糖是能量支出的首要物质。如果血液中的葡萄糖含量过低，身体会动员一部分糖原转化成葡萄糖，维持血糖浓度在正常的水平。如果糖原大部分消耗完毕，身体才会考虑利用其他能源，例如将脂肪氧化成脂肪酸，为人体的活动提供能量。

食物当中的脂肪在人体内进行消化后变成游离的脂肪酸和三酰甘油储存在人体的脂肪细胞中，摄入越多富含脂质的食物，脂肪组织增加就越多。除此之外，过量摄入的糖类也会转化为脂肪。因此，能量摄入过多或者能量消耗不足都会导致脂肪的囤积，继而导致体重的增加，为健康带来不利的影响。脂肪的合成和脂肪的氧化不是相互的过程，二者所需要的能量不一样。一般来说，能量摄入过剩达到 7700 千卡时会形成 1 千克的脂肪，进而成为赘肉，影响美观。所以只要一天多摄入 100 千卡能量，就是比每日所需能量多 3%～5%，多余的能量以脂肪的形式被储存起来，一年就可以增加 5 千克的体内脂肪。

运动是消耗脂肪的最有效、最安全的途径，当饥饿或是能量摄入小于能量消耗时，身体就会动员脂肪分解提供能量。

（四）能量的支出

能量支出主要包括三个部分：基础代谢、食物热效应和体力活动的能量消耗。其中基础代谢是维持生命活动的最低能量消耗，占总能量消耗的 60%～75%，体力活动的能量消耗次之，食物热效应最少。

1. 基础代谢

人体摄入的所需能量中，接近 70%用于维持人体最基本的生命活动，即基础代谢，就是人体在清醒、空腹、安静舒适的环境下、无任何体力活动和紧张的思维活动、全身肌肉松弛（静卧）时的能量消耗。此时的能量消耗仅用于保持细胞的张力平衡，供给大脑及神经活动、心脏血液循环、肺部的呼吸作用、肾脏的滤过作用和肝脏机能的维持等。人体基础代谢能量消耗与身高体重有关，但主要受体表面积的影响，如相同体重下瘦高体形的人基础代谢高于矮胖的人。而单位体表面积下基础代谢是恒定的，与体重的相关性也不大。另外，性别和年龄也是影响基础代谢的因素，因为男女身体成分有差异，而且随年龄增长，人体内的组织分布也会不一样。通常来说，男性的基础代谢比女性旺盛，年轻人的基础代谢高于年长者。随着年龄增长，基础代谢率会有递减的趋势。

2. 食物热效应

食物热效应是指由于进食而引起能量消耗增加的现象。即人体在摄食过程中，除了夹菜、咀嚼等动作消耗的热量外，因为要对食物中的营养素进行消化吸收及代谢转化，还需要额外消耗能量。比如，吃完饭后体温会有略微升高，这就是食物热效应的表现之一。从能量代谢的角度看，食物热效应只能增加人体能量的消耗，不能增加可利用的能量。换言之，食物热效应是一种能量损耗，是不能避免的。人体每天的食物热效应作用相当于基础代谢的 10%，或全天能量总消耗的 6%，约 150 千卡。

吃一顿饭所产生的食物热效应与食物的成分、进食量和进食频率等多个因素有关。

（1）不同食物的食物热效应不同，例如脂肪的热效应约 4%，因为它很容易被人体吸收；碳水化合物的热效应约 6%；蛋白质的热效应很大，有 1/3 的能量用于自身的吸收和利用。

（2）食物热效应也和进食量和进食速度有关，吃得越多能量消耗就越大，吃得快的人比吃得慢的人消耗的能量多，这是由于吃得快的时候神经中枢系统更加活跃，激素和酶的分泌速度加快，分泌量增多，消耗的能量也就增多了。按照三大营养素的比例，混合性食物的热效应一般为总热量的 10%左右，例如一顿饭可以提供 700 千卡的热量，那么消化这顿饭的能量就需要 70 千卡左右。一般来说，活动强度越大，持续时间越长，能量消耗越多；肌肉越发达和体重越大的人，能量消耗越多。

3. 体力活动的能量消耗

人们每天生活工作都存在体力劳动，它们需要各类肌肉做功消耗能量来完成。体力劳动包括两部分：一部分是日常生活中消耗体力较多的活动，如工作、家务等；另一部分就是闲暇时间的体育锻炼活动。体力活动是每天总能量消耗的重要组成部分，占 20%～30%，也是机体能量消耗变化最大的部分，是可调节的部分。人体参加各种活动消耗的能量由体力活动的强度和持续的时间长度决定，因人而异。

二、人体所需的营养

（一）蛋白质

“组成人体的基本单位是细胞，而构成细胞的主要成分之一是蛋白质，包括白蛋白、球蛋白、肌肉蛋白、角蛋白等。因此，蛋白质是生命的物质基础和生命存在的表现形式。”[①] 蛋白质是人体必需的营养素之一。蛋白质主要由碳、氢、氧、氮四种元素组成，其中氮元素是其特征元素，而碳水化合物和脂肪的组成元素只有碳、氢、氧而不存在氮，所以蛋白质是人体氮元素的唯一来源，其营养价值是碳水化合物和脂肪无法替代的。

1. 蛋白质的组成单位

构成蛋白质的基本单位是氨基酸，氨基酸之间以肽键连接。食物蛋白质所含有的氨基酸种类有 20 多种，其中有些氨基酸可以在机体内由其他氨基酸转变而来，人体能够自身合成。如果膳食中不含有这些氨基酸，对人体的健康和生长并不会产生影响，这些氨基酸被称为非必需氨基酸。但是有些氨基酸人体是不能合成的或者合成的速度不能满足机体的需要，必须从食物中直接获得，这些氨基酸被称为必需氨基酸。必需氨基酸包括异亮氨酸、亮氨酸、缬氨酸、苏氨酸、赖氨酸、蛋氨酸、苯丙氨酸和色氨酸，对婴儿来说组氨酸也是必需氨基酸。

人体内的蛋白质与各种食物蛋白质在必需氨基酸种类和数量上存在着差异，在营养学上用氨基酸模式来反映这种差异。所谓氨基酸模式，就是某种蛋白质

① 孟庆玲．蛋白质：生命的基石 [J]. 食品安全导刊，2014（25）：76.

中各种必需氨基酸的构成比例。食物蛋白质氨基酸模式与人体蛋白质越接近，其蛋白质被人体利用的程度就越高，食物蛋白质的营养价值也相对较高，例如蛋、奶、肉、鱼里面的蛋白质等。其中鸡蛋蛋白质与人体蛋白质氨基酸模式最为接近，常把它作为参考蛋白质。

反之，如果某种食物蛋白质中一种或几种必需氨基酸相对含量较低，不能满足机体对蛋白质合成的需要，则会导致其他的必需氨基酸在体内不能被充分利用而浪费，造成其蛋白质营养价值降低，这些含量相对较低的必需氨基酸称为限制氨基酸。其中含量最低的必需氨基酸称为第一限制氨基酸。植物性蛋白质缺乏的必需氨基酸主要是赖氨酸、蛋氨酸、苏氨酸和色氨酸，所以其营养价值相对较低，如大米和面粉蛋白质中赖氨酸含量最低，因此，赖氨酸是谷类的第一限制氨基酸。

2. 蛋白质的分类

根据蛋白质的营养价值，营养学上可将其分为完全蛋白质、半完全蛋白质和不完全蛋白质。

（1）完全蛋白质。完全蛋白质是指所含必需氨基酸种类齐全、数量充足、比例适当，不但能维持成年人的生命，而且能促进儿童生长发育的蛋白质，如乳类中的酪蛋白，蛋类中的卵白蛋白、卵磷蛋白，肉类中的肌蛋白，大豆中的大豆蛋白，小麦中的麦谷蛋白，玉米中的谷蛋白等。

（2）半完全蛋白质。半完全蛋白质指所含必需氨基酸种类齐全，但有的数量不足或者比例不适当，虽然可以维持生命，但不能促进生长发育的蛋白质，如小麦中的麦胶原蛋白等。

（3）不完全蛋白质。不完全蛋白质指所含必需氨基酸种类不全，既不能维持生命，也不能促进生长发育的蛋白质，如玉米中的玉米胶蛋白，动物结缔组织和肉皮中的胶原蛋白，豌豆中的豆球蛋白等。

3. 蛋白质的生理功能

（1）机体组织的构成成分。人体的一切组织、器官等都含有蛋白质。在人体的所有组织中，如肌肉组织和心、肝、肾等器官都含有蛋白质；骨骼、牙齿，乃至指甲、头发中也含有大量蛋白质；细胞中除水分外，蛋白质约占细胞内物

质的80%。因此构成机体组织是蛋白质最重要的生理功能。人体内各种组织细胞的蛋白质在不断更新，只有摄入足够的蛋白质才能维持组织的更新，当机体受伤后恢复时，蛋白质的摄入也很重要。

（2）调节生理功能。机体生命活动之所以能够有条不紊地进行，有赖于多种生理活性物质的调节。蛋白质在体内是构成多种重要生理活性物质的成分，参与调节生理功能。如核蛋白构成细胞核并影响细胞功能；酶蛋白具有促进食物消化、吸收和利用的功能；免疫蛋白具有维持机体免疫功能的作用；血红蛋白具有携带、运送氧的功能。此外由蛋白质构成的某些激素，如甲状腺素、胰岛素及肾上腺素等都是机体的重要调节物质。

（3）供给能量。1g食物蛋白质在体内大约能产生16.7KJ的能量，是人体的能量来源之一。但是蛋白质的这种功能可以被碳水化合物、脂肪代替。因此供给能量是蛋白质的次要功能。

4. 蛋白质的缺乏与过量

膳食中蛋白质的供给量不足或者过多时，都会对人体产生不良的影响。

（1）蛋白质缺乏。膳食蛋白质供给不足时，对婴幼儿、儿童和青少年的影响最大。蛋白质的缺乏有两种情况：一种情况是食物中能量摄入量基本满足，而蛋白质摄入量严重不足，主要表现为腹部及腿部水肿，虚弱，表情淡漠，生长滞缓，头发变色、变脆、易脱落，易感染其他疾病等症状；另一种情况是蛋白质和能量摄入均严重不足，表现为消瘦无力，常会因感染其他疾病而导致死亡。这两种情况可以单独存在，也可能混合存在。而对成年人来说，蛋白质摄入不足，同样会引起体力下降、水肿、抗病能力减弱、伤口不易愈合等症状。

（2）蛋白质过量。蛋白质虽然对人体有重要的作用，但也不是说越多越好。其原因有以下方面：

第一，动物蛋白质来源于动物性食物，动物蛋白质摄入过多，可能会同时摄入过多的动物性脂肪。

第二，摄入过多蛋白质对人体健康也会产生有害影响。正常情况下，人体不能储存氨基酸，摄入过多的蛋白质时，必须通过肝脏进行代谢，代谢的最终产物由肾脏排泄。这一过程需要大量的水分，从而会增加肝脏和肾脏的负担。

第三，摄入过多的动物蛋白质，还会导致含硫氨基酸摄入过多，会加速骨骼中钙质的丢失，容易诱发骨质疏松症。

5. 食物蛋白质的营养价值评价

各种食物，其蛋白质的含量、氨基酸模式等不一样，人体对不同的蛋白质的消化、吸收和利用程度也存在差异，所以营养学上主要从食物蛋白质的含量、被消化吸收的程度和被人体利用的程度三个方面进行蛋白质营养价值的评价。

（1）食物蛋白质的含量。没有足够的数量，再好的蛋白质其营养价值也有限，所以蛋白质含量是食物蛋白质营养价值评价的基础。一般来说，食物中含氮量占蛋白质的16%，其倒数即为6.25。蛋白质的含氮量比较恒定，故测定食物中的总氮量，再乘以6.25，即可得到食物中蛋白质的含量。

（2）蛋白质的消化率。蛋白质的消化率是指消化道内被吸收的蛋白质占摄入蛋白质的百分数，是反映食物蛋白质在消化道内被分解和吸收程度的一项指标。

食物蛋白质的消化率受到蛋白质的性质、膳食纤维、多酚类物质和酶反应等因素的影响。一般动物性食物的蛋白质消化率高于植物性食物，如鸡蛋和牛奶蛋白质的消化率分别为97%和95%，而玉米和大米蛋白质的消化率分别为85%和88%。不过植物性食物经加工除去过多的膳食纤维后，也会使蛋白质的消化率有所提高。例如大豆整粒食用时，消化率仅为60%；而加工成豆腐后，消化率可以提高到90%以上。

（3）蛋白质的利用率。蛋白质的利用率是指食物蛋白质被消化吸收后在体内被利用的程度，是食物蛋白质营养评价常用的生物学方法，主要包括以下方法：

第一，生物价。蛋白质的生物价是反映食物蛋白质消化吸收后，被机体利用的程度。生物价越高，说明蛋白质被机体利用的程度越高，蛋白质的营养价值越高，最高值为100。

第二，蛋白质的净利用率。蛋白质的净利用率是反映食物中蛋白质被人体利用的程度，因此是将食物蛋白质的消化与生物价两个方面都包括了，能更加全面地反映食物蛋白质的营养价值。

第三，氨基酸评分。氨基酸评分是目前广为应用的一种食物蛋白质营养价

值评价方法，不仅适用于单一食物蛋白质的评价，还可用于混合食物蛋白质的评价。

6. 提高食物蛋白质营养价值的措施

为了提高食物蛋白质的营养价值，人们可以将两种或两种以上的食物混合食用，补充其必需氨基酸不足，达到以多补少、提高膳食蛋白质营养价值的目的，这被称为蛋白质的互补作用。例如将大豆制品和米面按一定比例同时食用，大豆蛋白可弥补米面蛋白质中赖氨酸的不足，同时米面也可在一定程度上补充大豆蛋白中蛋氨酸的不足，使混合蛋白的氨基酸比例更接近人体需要，从而提高膳食蛋白质的营养价值。因此，在烹饪工作中要尽可能多地利用蛋白质的互补作用来提高菜点的蛋白质营养价值。

为充分发挥蛋白质的互补作用，在搭配食物时应遵循以下原则：

（1）食物的生物学种属越远越好。动物性和植物性食物混合食用比单纯植物性食物混合食用要好。

（2）搭配的种类越多越好。提倡饮食多样化，食物搭配的品种越多，蛋白质的互补效果越好。

（3）食用的时间越近越好，同时食用最好。因为单个氨基酸在血液中的停留时间约 4h，然后到达组织器官，再合成组织器官的蛋白质，而合成组织器官蛋白质的氨基酸必须同时到达才能发挥互补作用。

7. 蛋白质的参考摄入量和食物来源

（1）蛋白质的参考摄入量。成年人按每 kg 体重每天摄入 0.8g 蛋白质为宜。国人的饮食习惯由于以植物性食物为主，蛋白质的质量较差，所以成年人蛋白质推荐摄入量为 1.16g/kg 体重。按能量计算，蛋白质摄入量应占总能量摄入量的 10%～15%，儿童和少年为 12%～14%。

（2）蛋白质的来源。蛋白质广泛存在于动植物性食物中。蛋白质含量丰富的食物为各种畜禽肉类、水产品类、蛋类、奶及其制品、大豆及其制品。动物性蛋白质质量好，但同时富含饱和脂肪酸和胆固醇，而植物性蛋白质由于受到膳食纤维的影响利用率较低。因此，注意蛋白质的互补，适当进行搭配是非常重要的。此外，谷类也含有一定量的蛋白质（6%～10%），因为是我国膳食的主食，摄入量比较大，也是蛋白质的主要来源。为改善膳食蛋白质质量，在膳食中应保证有一定数量的优质蛋白质。一般要求动物性蛋白质和大豆蛋白质应占膳食蛋白质总量的30%～50%。

（二）脂类

脂类是生物体内不溶于水而溶于有机溶剂的一类化合物的总称，一般包括脂肪和类脂。脂类是人体需要的营养素，具有非常重要的作用。食物中的脂类95%是脂肪，5%是其他脂类。

1. 脂类的组成和分类

（1）脂肪。脂肪是由碳、氢、氧三种元素，先组成三分子脂肪酸再与一分子甘油组成的酯，也称甘油三酯。脂肪通常按其在室温下所呈现的状态不同而分为油和脂，室温下呈液态为油，呈固态为脂，二者统称为油脂。

脂肪酸是脂肪的关键成分，脂肪的性质与其所含的脂肪酸的种类有很大关系。根据脂肪酸碳链中有无双键，脂肪酸可分为无双键的饱和脂肪酸和有双键的不饱和脂肪酸，不饱和脂肪酸传统上分为单不饱和脂肪酸和多不饱和脂肪酸；根据脂肪酸空间结构的不同，又可分为顺式脂肪酸和反式脂肪酸。天然食物中的油脂，其脂肪酸结构多为顺式脂肪酸。

人类机体内大多数脂肪酸是可以合成的，不一定非要从食物中供给，但是有些多不饱和脂肪酸在体内不能合成，必须由食物供给，称为必需脂肪酸。目前认为的必需脂肪酸有亚油酸和α－亚麻酸，主要来自植物油。必需脂肪酸具有十分重要的生理功能，主要包括：①必需脂肪酸是构成线粒体和细胞膜的重要成分，当必需脂肪酸缺乏时，人体可能出现由于细胞和毛细血管通透性增加而引起的皮肤湿疹病变；②必需脂肪酸可以参与胆固醇代谢，防止动脉粥样硬化；③必需脂肪酸是合成前列腺素的前提，具有促进局部血管扩张、影响神经刺激的传导等作用；④必需脂肪酸有助于维护视力。α－亚麻酸的衍生物二十二碳六烯酸是维持视网膜光感受体功能所必需的脂肪酸。

（2）类脂。类脂包括磷脂和固醇类。食物中所含的磷脂主要是卵磷脂和脑磷脂。固醇包括胆固醇和植物固醇。胆固醇广泛存在于动物性食物中，人体自身也能合成，因此一般情况下不会缺乏，如果摄入过多则会对健康造成影响。

2. 脂类的生理功能

（1）供给和储存能量。1g 脂肪在体内氧化可产生 37.6KJ 的能量，是营养素中产生能量最高的一种。摄入的过量碳水化合物、脂肪和蛋白质都会转化为脂肪储存在体内，脂肪组织是能量的主要储存形式。

（2）构成机体组织。脂类是人体组织的重要组成成分，在维持细胞结构和功能中起着重要作用。脂类中的磷脂、胆固醇与蛋白质结合生成脂蛋白，构成机体主要的生物膜，如细胞膜、内质网膜等。此外，脂类也是构成脑组织和神经组织的主要成分。

（3）提供必需脂肪酸，促进脂溶性维生素的吸收。人体所需的必需脂肪酸主要靠膳食脂肪来提供，各种脂溶性维生素只存在于脂肪中，只有在脂肪存在的环境中，脂溶性维生素才能被人体吸收。

（4）维持体温和保护内脏器官。积存在体内的大量脂肪组织（皮下、肌纤维间）像软垫一样，有缓冲机械冲击的作用；分布于腹腔周围的脂肪组织，对内脏器官及组织、关节起着固定和保护作用。脂肪是一种热的不良导体，可以阻止身体表面的热量散失。

（5）增加饱腹感和改善食品感官性状。膳食脂肪可增加饱腹感，延迟胃的排空，并能增加食物美味，改善人的食欲。

3. 脂类与人类健康的关系

膳食脂肪摄入过多或过少都会对身体产生危害。脂肪摄入过少时，会出现必需脂肪酸的缺乏、脂溶性维生素的缺乏，导致严重后果；脂肪摄入过多，特别是过高的饱和脂肪酸和胆固醇摄入得过多，会增加发生心脑血管疾病，如冠心病、卒中的风险；脂肪摄入过多与乳腺癌、结肠癌的发病也有关系；脂肪过多，还会造成机体免疫功能下降，加速肥胖，影响钙的吸收。

4. 膳食脂类的营养价值评价

（1）脂肪的消化率。食物脂肪的消化率与其熔点密切相关，熔点越低越容易消化，熔点接近或低于体温的脂肪，其消化率可高达 97%～98%，高于体温的脂肪消化率为 80%～90%左右。脂肪的熔点与食物中所含的不饱和脂肪酸的种类和数量有关，含不饱和脂肪酸和短链脂肪酸越多的脂肪熔点越低，越容易消化。一般来说，植物油中不饱和脂肪酸的含量高，熔点较低，所以易于消化，而动物油则相反，其消化率较低。

（2）必需脂肪酸的含量。体内的不饱和脂肪酸，特别是必需脂肪酸，只能从食物脂肪中得到，因此，含必需脂肪酸越多的脂肪，其营养价值越高。一般植物油中含有较多的不饱和脂肪酸（亚油酸），是人体必需脂肪酸的重要来源，但椰子油例外，其必需脂肪酸含量较低，不饱和脂肪酸含量也少。

（3）脂溶性维生素的含量。食物脂肪是人体脂溶性维生素的重要来源。脂溶性维生素存在于多数植物脂肪中，动物的储存脂肪几乎不含维生素，器官组织中含有少量脂肪，这种脂肪含有脂溶性维生素。其中肝脏中维生素 A、维生素 D 含量较为丰富，以鲨鱼肝油中的含量最多，奶油次之，猪油中几乎不含维生素 A、维生素 D。植物油中含有较多的维生素 E，如小麦胚芽油、花生油、菜籽油等维生素 E 的含量较为突出。

5. 脂类的参考摄入量和食物来源

（1）脂类的参考摄入量。

第一，成年人脂肪所提供的能量占全日总能量的 20%～25%为宜，婴幼儿要适当增加。膳食中脂肪的绝对量应该由总能量供给决定。

第二，膳食脂肪酸间应该有合理的比例。在总脂肪供能 20%～30%的前提下，饱和脂肪酸、单不饱和脂肪酸、多不饱和脂肪酸供能分别为＜10%、10%和 10%。膳食能量的 3%～5%应该由必需脂肪酸，即亚油酸和 α－亚麻酸提供。

第三，建议 18 岁以上人群每天胆固醇的摄取量不超过 300mg。

（2）食物来源。膳食脂类的主要来源包括烹调油脂和食物本身含有的脂类。动物性食物如猪油、牛脂、羊脂、肥肉、奶脂、蛋类及其制品的脂肪，主要含饱和脂肪酸和单不饱和脂肪酸；植物性食物如菜籽油、大豆油、芝麻油、玉米油、花生油等各种植物油及大豆、花生、芝麻、核桃仁、瓜子仁等食物含有大量的脂肪，特别是植物油中含有大量的必需脂肪酸亚油酸。水产品的多不饱和脂肪酸含量最高，深海鱼如鲱鱼、鲑鱼的脂肪中富含二十碳五烯酸（EPA）和二十二碳六烯酸（DHA），EPA 和 DHA 对心血管疾病的预防具有较好的效果。

磷脂含量较丰富的食物有蛋黄、瘦肉、脑、大豆、麦胚、花生及肝、肾等内脏。

胆固醇含量丰富的食物是动物脑、蛋黄及肝、肾等内脏，肉类及奶油等食物也含有一定量的胆固醇。植物性食物不含胆固醇。

（三）碳水化合物

碳水化合物又称为糖类，是人体最主要和最经济的能量来源。碳水化合物含量高的食物如米、面及其制品是我国人民的传统主食。

1. 碳水化合物的分类

碳水化合物由碳、氢、氧三种元素组成，其种类繁多，根据其分子结构可分为单糖、双糖、低聚糖和多糖。

（1）单糖。单糖是分子结构最简单的碳水化合物，是碳水化合物的基本组成单位。食物中的单糖主要包括葡萄糖、半乳糖和果糖。单糖的分子结构简单，不需再被水解，可直接被消化吸收。

第一，葡萄糖。葡萄糖是单糖中最重要的一种，人体血液中所含的血糖就是葡萄糖。葡萄糖广泛存在于大多数水果和蔬菜中，水果中含量最为丰富，尤以葡萄中含量最多。它是人体供应能量的主要原料，可以直接被人体吸收，可作为营养食品直接食用。

第二，果糖。果糖是最甜的一种糖，其甜度是葡萄糖的 1.75 倍。果糖和葡萄糖同时存在于大多数水果中，蜂蜜中含量最多。

第三，半乳糖。乳糖经过消化后，一半转化为半乳糖，一半转化为葡萄糖。半乳糖几乎全部以结合态的形式存在，在自然界中不单独存在。

（2）双糖。食物中的双糖包括蔗糖、麦芽糖和乳糖。双糖是由两个单糖分子脱水生成的化合物，广泛存在于自然界中。双糖不能直接被人体吸收，必须经过水解成为单糖后才能被人体吸收利用。

第一，蔗糖。蔗糖由一分子葡萄糖和一分子果糖缩合而成。蔗糖广泛存在于植物中，尤其甘蔗和甜菜的含量最为丰富。蔗糖是绵白糖、白砂糖、冰糖和红糖的主要成分。

第二，麦芽糖。麦芽糖由两分子葡萄糖缩合而成，以谷类种子发出的芽中含量最为丰富，尤以麦芽中含量最多，因此称为麦芽糖。

第三，乳糖。乳糖由一分子葡萄糖和一分子半乳糖缩合而成，它只存在于动物的乳汁中。乳糖在乳酸菌的作用下，可分解成乳酸，这是制造酸奶、奶酪的基本原理。

（3）低聚糖。低聚糖又称为寡糖，是由 3 ～ 9 个单糖分子构成的一类小分子多糖。由于低聚糖中的化学键不能被人体消化酶分解，因此不易被消化。常见的低聚糖主要有棉子糖、水苏糖、低聚果糖、大豆低聚糖等。

（4）多糖。多糖由大于或等于 10 个葡萄糖分子脱水缩合而成，无甜味，一般不溶于水。在营养学上起重要作用的多糖有淀粉、糖原和膳食纤维。

第一，淀粉。淀粉由许多葡萄糖分子脱水缩合而成，是食物中碳水化合物的主要来源，在谷类、豆类、坚果类以及薯类等块茎类食物中含量丰富。

第二，糖原。糖原是动物体储存能量的一种形式，故又称为动物淀粉，存在于肝脏和肌肉中。肝脏中的糖原可以维持血糖的浓度，而肌肉中的糖原可以补充肌肉的能量不足。当人体需要时，糖原可以迅速分解为葡萄糖。

第三，膳食纤维。膳食纤维是指不能被人体消化吸收的非淀粉多糖，包括纤维素、半纤维素、木质素、果胶和树胶等。膳食纤维按其在水中的溶解性大致可分为不溶性膳食纤维和可溶性膳食纤维两大类。不溶性膳食纤维包括纤维素和木质素，可溶性膳食纤维包括半纤维素、果胶和树胶。

膳食纤维对人体而言具有非常重要的生理功能，主要包括：①膳食纤维可以刺激肠道蠕动，减少有害物质与肠道的接触时间，有利于食物残渣的排出，可预防便秘、直肠癌等疾病；②膳食纤维可以促进胆汁酸的排泄，抑制血清胆固醇及甘油三酯的上升，降低人体的血浆胆固醇水平，可预防动脉粥样硬化和冠心病等心血管疾病的发生，由于膳食纤维可以减少胆汁酸的重吸收，有利于预防胆结石等疾病；③不溶性膳食纤维能促进人体胃肠吸收水分，延缓葡萄糖的吸收，延缓胃排空速度，延缓淀粉在小肠内的消化速度，同时使人产生饱腹感，有利于控制体重和减肥；④膳食纤维可以改善神经末梢对胰岛素的感受性，降低对胰岛素的要求，改善耐糖量，有助于调节血糖水平。

但过多的膳食纤维会影响其他营养素如蛋白质的消化和钙、铁等矿物质的吸收。

2. 碳水化合物的生理功能

（1）储存和提供能量。每 1g 碳水化合物在体内氧化可以产生 16.7KJ 的能量。在维持人体健康所需要的能量中，55%～65%由碳水化合物提供。碳水化合物在体内释放能量较快，供能也快，是神经组织和心肌的主要能源物质，也是肌肉活动时的主要供能物质，对维持神经系统和心脏的正常功能、增强耐力以及提高工作效率都有重要的意义

（2）构成机体组织。碳水化合物是构成机体组织的重要物质，并参与细胞的组成和多种活动。每个细胞都有碳水化合物，其含量为 2%～10%，主要以糖脂、糖蛋白质和蛋白多糖的形式存在，分布在细胞膜、细胞器膜、细胞质以及细胞间基质中。除每个细胞都有碳水化合物外，糖结合物还广泛存在于各组织中。

（3）节约蛋白质。当膳食中碳水化合物不足时，机体为了满足对葡萄糖的需要，会通过糖原异生作用将蛋白质转化为葡萄糖供给能量；而当摄入足量碳水化合物时，则能预防体内或膳食蛋白质消耗，不需要动用蛋白质来供能，即碳水化合物具有节约蛋白质作用。

（4）抗生酮作用。脂肪在体内分解代谢，需要葡萄糖的协同作用。当碳水化合物供应不足时，体内脂肪或食物脂肪被动员或加速分解为脂肪酸来供给能量。在这一代谢过程中，脂肪酸不能彻底氧化而产生过多的酮体，酮体不能被氧化而在体内蓄积，以致产生酮血症和酮尿症，引起酮中毒。膳食中充足的碳水化合物可以防止这些现象的发生，因此称为碳水化合物的抗生酮作用。

（5）解毒。碳水化合物经糖醛酸途径代谢生成的葡萄糖醛酸，是体内一种重要的结合解毒剂，在肝脏中能与许多有害物质如细菌毒素、酒精、砷等结合，以消除或减轻这些物质的毒素或生物活性，从而起到解毒的作用。

3. 碳水化合物的缺乏与过量

（1）碳水化合物的缺乏。碳水化合物摄入不足常出现在禁食状态下，由于得不到碳水化合物的补充，血液中葡萄糖浓度可下降到正常值以下，从而发生低血糖症，低血糖症最严重的后果是中枢神经系统紊乱，严重时甚至能引起低血糖昏迷和死亡。当人体碳水化合物的供应不足时，干细胞再生受影响，易导

致肝脏受到损伤，从而使人体对肝炎病毒的免疫力下降。

（2）碳水化合物的过量。碳水化合物营养不良的另一种情况是摄入过量，尤其是蔗糖摄入过量时，除易产生龋齿外，还将给人体健康带来更为不利的影响。一些发达国家伴随着蔗糖摄入量的增加，冠心病的发病率逐年上升，并且因食糖引起的高脂血症日后可以促成动脉粥样硬化。此外，由于肝糖原和肌糖原的储存量是有限的，膳食中碳水化合物摄入过多时，剩余的葡萄糖将转化成脂肪储存在脂肪组织中。因此，碳水化合物摄入过多将导致肥胖，而肥胖又会成为很多慢性疾病如心脑血管系统疾病、高血压、高脂血症、糖尿病等的诱因。

4. 碳水化合物的参考摄入量和食物来源

（1）碳水化合物的参考摄入量。膳食中碳水化合物的供给量主要根据民族饮食习惯、生活条件而定，我国碳水化合物提供能量占全日总能量的55%～65%。一般来说，当膳食组成中蛋白质、脂肪含量高时，碳水化合物的供给量可以低些，反之则应高些。

（2）食物来源。碳水化合物主要来源于植物性食物中，如谷类、薯类、根茎类食物。特别是谷类（如大米、小米、面粉、玉米等）中淀粉含量很高，占70%～80%。水果、蔬菜主要提供膳食纤维。动物性食物中只有肝脏含有糖原，奶制品中含有乳糖。

（四）维生素

1. 维生素的特点

维生素又称维他命，是维持人体正常生命活动所必需的一类低分子有机化合物，它们既不参与机体组成，也不提供能量。维生素在体内的含量很少，但是在人体的代谢、生长发育等过程中却发挥着重要的作用。

各种维生素的化学结构和性质虽然各异，却有共同的特点，具体如下：

（1）均以维生素本身或可被机体利用的前体形式存在于天然食物中，但是没有任何一种天然食物含有人体所需要的全部维生素。

（2）大多数维生素不能在体内合成，必须由食物供给。即使有些维生素（如维生素 K、维生素 B6）能由肠道细菌合成一部分，但也不能替代从食物中获得这些维生素。

（3）维生素一般不构成人体组织，也不提供能量，主要作用是参与机体代谢的调节。

（4）人体对维生素的需要量很少，日需要量仅以 mg 或 μg 计，但一旦缺乏就会引起维生素缺乏症，对人体健康造成危害。

2. 脂溶性维生素

脂溶性维生素是溶解于脂肪及有机溶剂的一类维生素，包括维生素 A、维生素 D、维生素 E 和维生素 K 四大类。脂溶性维生素大部分储存于肝脏或脂肪组织中，通过胆汁经肠道缓慢排出体外，所以摄入过量容易引起中毒。

（1）维生素 A。维生素 A 又称为视黄醇或抗干眼病维生素。

维生素 A 只存在于动物性食物中，而植物性食物只能提供作为维生素 A 原的胡萝卜素，其中以 β－胡萝卜素最为重要。维生素 A 和胡萝卜素溶于脂肪，不溶于水，对热、酸和碱稳定，一般烹调加工不会引起破坏，但易被氧化破坏，特别是高温条件下更甚，紫外线可促进其氧化破坏。

第一，维生素 A 的生理功能。

维持正常视觉功能：维生素 A 能促进视觉细胞内感光物质的合成。缺乏维生素 A 可以导致夜盲症。夜盲症是指在黑暗中看不到东西，通常是由于视网膜细胞视紫红质含量下降造成的，而维生素 A 正是视紫红质的组成成分。

维持上皮细胞的正常生长与分化：维生素 A 对机体上皮细胞的正常形成、发育及维持十分重要。如果缺乏维生素 A 会使得皮肤干燥、脱屑；还会使得眼结膜干燥发炎，导致干眼病。此外缺乏维生素 A 容易使得呼吸道细胞角质化，引起感染。

促进生长与发育：维生素 A 可以促进人体蛋白质的合成，并且与骨骼细胞的分化密切相关，如果缺乏维生素 A 就可能影响身体和骨骼的正常发育。

其他作用：维生素 A 还可以维护生殖功能，维持和促进免疫功能。

第二，维生素 A 的缺乏与过量。维生素 A 缺乏可以引起眼睛症状，如夜盲症与干眼病，还可以引起皮肤症状并影响发育，导致儿童发育迟缓；维生素 A 吸收后可在体内，尤其在肝脏内大量储存，维生素 A 摄入过量会引起中毒，表现为恶心、呕吐、头痛、视觉模糊、肝脾肿大等症状。

第三，维生素A的膳食参考摄入量与食物来源。我国居民成年人维生素A膳食参考摄入量为800μgRE/d；维生素A摄入过量可引起中毒，维生素A的可耐受最高摄入量为3000μgRE/d。

维生素A在各种动物性食物中含量丰富，最好的来源是各种动物的肝脏、鱼肝油、全奶、蛋黄等。植物性食物中只含有β-胡萝卜素，最好的来源是深色或红黄色的蔬菜和水果，如菠菜、雪里蕻、韭菜、杏、香蕉、柿子等。

（2）维生素D。维生素D的化学名称为钙化醇，具有抗佝偻病的作用，又称为抗佝偻病维生素，以维生素D2（麦角钙化醇）及维生素D3（胆钙化醇）最为常见。维生素D2和维生素D3化学性质比较稳定，通常的储藏、加工和烹调不会影响维生素D的生理活性。

第一，维生素D的生理功能。维生素D主要与钙和磷的代谢有关，它能促进小肠对钙磷的吸收，对骨骼和牙齿的钙化过程起着重要作用。

第二，维生素D的缺乏与过量。

婴儿缺乏维生素D可引起佝偻病，严重者出现骨骼畸形，如方颅、鸡胸、O型腿和X型腿等症状，这是由于骨质钙化不足以及骨中矿物质的含量减少等原因，使得骨骼变软和弯曲变形。成年人尤其是孕妇、乳母、老年人等对钙需求量较大的人群，在缺乏维生素D和钙、磷时，容易出现骨质软化症或骨质疏松。此外，缺乏维生素D会造成血清钙水平降低引起手足痉挛症，表现为肌肉痉挛、小腿抽筋和惊厥等。

食物来源的维生素D一般不会过量，但摄入过量维生素D补充剂可引起维生素D过多症。过量摄入维生素D有潜在的毒性，维生素D的可耐受最高摄入量为20μg/d。

第三，维生素D的参考摄入量和食物来源。

日光直接照射皮肤可以产生维生素D3，经常晒太阳是人体获得维生素D的最佳途径。成年人只要经常接触阳光，在一般膳食条件下不会出现维生素D的缺乏。在阳光不足或空气污染严重的地区，可采用膳食补充维生素D。我国居民成年人维生素D膳食参考摄入量为10μg/d。

天然食物来源的维生素D不多，脂肪含量高的海鱼、动物肝脏、蛋黄、奶

油和干酪等中相对较多。鱼肝油中的天然浓缩维生素 D 含量很高，是最常见的维生素 D 补充剂。此外我国不少地区使用维生素 A、D 强化牛奶，使维生素 D 缺乏症得到了有效的控制。

（3）维生素 E。维生素 E 又名生育酚。食物中的维生素 E 对热、光及碱性环境均较稳定，在一般烹调条件下损失不大，但高温加热如油炸造成的脂肪氧化，有可能使维生素 E 活性明显降低。此外干燥脱水食品中的维生素 E 更容易被氧化，油脂酸败也会加速维生素 E 的破坏。

第一，维生素 E 的生理功能，主要包括：①抗氧化作用，维生素 E 是一种高效的抗氧化剂，可以保护细胞免受自由基的损害，维持细胞的完整和正常功能；②其他作用，维生素 E 还具有促进肌肉正常生长发育、治疗贫血等作用。

第二，维生素 E 的缺乏与过量。维生素 E 缺乏症极为少见，表现为溶血性贫血；如果长期大量摄入维生素 E 也可以引起中毒症状。补充维生素 E 不能超过最高可耐受剂量。

第三，维生素 E 的参考摄入量和食物来源。成年人膳食营养素参考摄入量为 14mg/d；维生素 E 在自然界中分布甚广，植物油、谷物种子、坚果类、蛋黄和绿色蔬菜中含量丰富，在小麦胚芽油中含量最高。我国居民膳食结构以植物性食物为主，维生素 E 的摄入量普遍较高，一般情况下不会缺乏。

3. 水溶性维生素

水溶性维生素是能溶解于水的一类维生素，包括维生素 B1、维生素 B2、维生素 PP、维生素 B6、维生素 B12、叶酸、泛酸、生物素等 B 族维生素和维生素 C。水溶性维生素在体内仅有少量储存，并且极易排出体外，一般无毒性，但极大量摄入时也可出现毒性；如摄入过少，可较快地出现缺乏症状。

（1）维生素 C。维生素 C 又称为抗坏血酸，具有强还原性。维生素 C 是在外界环境中最容易受到破坏损失的维生素，在有氧、热、光和碱性环境下不稳定，但是在酸性环境中相对稳定。

第一，维生素 C 的生理功能。

参与氧化还原反应，维持细胞膜完整性：维生素 C 具有较强的还原性，在体内多种氧化还原反应中发挥重要作用，并且可以清除体内的大量自由基，从而保护细胞免受自由基的损害，维持细胞膜的完整性。

促进胶原蛋白的形成：维生素C促进构成胶原的氨基酸形成，对伤口的愈合具有非常重要的促进作用。

降低血胆固醇的含量：维生素C可以在体内将胆固醇转变为可溶性的硫酸盐排出体外，使肝脏中和血浆中胆固醇的水平降低，从而预防心脑血管系统疾病发生。

促进机体对铁的吸收和叶酸的利用：维生素C能使难以吸收的Fe3＋转变为易被人吸收的Fe2＋，从而促进铁在体内的吸收。维生素C还参与将非活性形式的叶酸转变为有活性的四氢叶酸过程，使叶酸能够发挥作用。

增强机体的应激能力：当机体处于应激状态（如烧伤、发热、疲劳、精神激动）时体内维生素C水平下降，补充适量的维生素C对机体提高应急能力、增强抵抗能力有一定的作用。当维生素C摄入量增高时人体对寒冷的耐受力也增高。

解毒作用：维生素C还可促进机体抗体的形成，提高白细胞的吞噬作用，对铅、苯、砷等化学毒物和细菌毒素具有解毒作用，还可阻断致癌物质亚硝胺的形成。

第二，维生素C的缺乏与过量。当维生素C摄入严重不足时，可引起坏血病，表现为疲劳倦怠、皮肤出现淤点、毛囊过度角化，继而出现牙龈肿胀出血、眼球结膜出血、机体抵抗力下降、伤口愈合迟缓、关节疼痛等症状；长期摄入过量的维生素C可增加尿液中草酸、尿酸的排出而形成尿结石。

第三，维生素C的参考摄入量和食物来源。成年人维生素C膳食参考摄入量为100mg/d；维生素C主要存在于新鲜的蔬菜和水果中，如柿子椒、番茄、菜花、苦瓜及各种深色叶菜类，水果中的柑橘、柠檬、鲜枣、山楂等维生素C含量十分丰富，猕猴桃、沙棘、刺梨等维生素C含量尤为丰富。植物种子（粮谷、豆类）几乎不含维生素C，但豆类发芽后形成的豆芽则含有维生素C。

（2）维生素B1。维生素B1又称为硫胺素、抗脚气病维生素。维生素B1在酸性条件下稳定，在碱性条件下和加热时极易被破坏。烹调食物时如果加碱过多，或油炸时温度过高，都会导致维生素B1的大量损失。此外一些鱼类和软体动物体内含有硫胺素酶可以分解破坏维生素B1，而加热可以破坏硫胺素酶，

所以不建议生吃此类食物。

第一，维生素 B1 的生理功能。维生素 B1 在维持神经、肌肉和心脏兴奋功能和调节消化液分泌、肠道蠕动及增加食欲方面起着重要作用。

第二，维生素 B1 缺乏症。维生素 B1 摄入不足可引起脚气病。如长期以精白米面为主食，缺乏其他副食补充；机体处于特殊生理状态而未及时补充；或肝损伤、酒精中毒等疾病，都可导致脚气病，主要损害神经血管系统，导致多发性末梢神经炎及心脏功能失调，发病早期会有疲倦、烦躁、头痛、食欲不振、便秘和工作能力下降等症状表现。

第三，维生素 B1 的参考摄入量与食物来源。维生素 B1 的膳食参考摄入量为：成年男性 1.4mg/d，成年女性 1.3mg/d；维生素 B1 广泛分布于整个动、植物界中。维生素 B1 的良好来源是动物的内脏（肝、肾、心）、瘦肉、全谷、豆类和坚果。目前谷类食物仍为我国传统膳食中维生素 B1 的主要来源，过度碾磨的精白米、精白面会造成维生素 B1 的大量流失。

（3）维生素 B2。维生素 B2 又称为核黄素。维生素 B2 在酸性条件下稳定，加热到 100℃时仍能保持活性，在碱性环境中容易被分解破坏。游离型维生素 B2 对紫外线高度敏感，可被光解而丧失生物活性。

第一，维生素 B2 的生理功能。维生素 B2 在体内以黄素单核苷酸和黄素腺嘌呤二核苷酸的形式参与体内的氧化还原反应和能量合成。

第二，维生素 B2 缺乏症。维生素 B2 的早期缺乏表现为疲倦、乏力、口腔疼痛，出现口角裂纹、口腔黏膜溃疡等症状，随之会发生表现在唇、舌、口腔黏膜和会阴皮肤处的口腔生殖综合征，出现口角炎、舌炎、阴囊皮炎和脂溢性皮炎等症状。维生素 B2 缺乏时会影响到机体对于铁的吸收，因此儿童摄入维生素 B2 不足易发生缺铁性贫血。

第三，维生素 B2 的参考摄入量与食物来源。维生素 B2 的膳食参考摄入量为：成年男性 1.4mg/d，成年女性 1.2mg/d；维生素 B2 的良好食物来源主要是动物性食物，尤其是动物内脏如肝、肾、心以及蛋黄、乳类含量较为丰富，鱼类以鳝鱼含量最高。植物性食物中则以绿叶蔬菜类和豆类含量较多，野菜的维生素 B2 含量也较高。由于我国居民的膳食构成以植物性食物为主，维生素 B2 摄入不足是存在的重要营养问题。

（4）烟酸。烟酸，又称为维生素 PP、尼克酸，也称为抗癞皮病维生素，分为烟酸和烟酰胺两种活性形式，烟酰胺是烟酸在体内的重要存在形式。烟酸对酸、碱、光、热稳定，一般烹调损失极小，是性质最为稳定的一种维生素。

第一，烟酸的生理功能。烟酸在体内是一系列以辅酶Ⅰ(NAD)和辅酶Ⅱ(NADP)为辅基的脱氢酶类的成分，几乎参与细胞内生物氧化还原的全过程。烟酸还影响 DNA 的复制、修复和细胞的分化，在代谢中起着重要的作用。

第二，烟酸缺乏症。烟酸缺乏症又称为癞皮病，主要损害皮肤、口、舌、胃肠道黏膜以及神经系统。其典型病例可有皮炎、腹泻和痴呆等症状。初期症状有体重减轻、食欲不振、失眠、头疼、记忆力减退等，重度缺乏时表现为皮肤、消化道和神经系统病变。烟酸缺乏常与维生素 B1、维生素 B2 缺乏同时存在。

第三，烟酸的参考摄入量与食物来源。烟酸的膳食参考摄入量为：成年男性 14mg/d，成年女性 13mg/d；人体烟酸的来源有两条途径，除了直接从食物中摄取外，还可在体内由色氨酸转化而来。烟酸广泛存在于动植物性食物中，植物性食物中存在的主要是烟酸，动物性食物中以烟酰胺为主，尤其以肝、肾、瘦肉中含量较多，绿叶蔬菜中也含有相当数量。谷类中的烟酸 80%～90%存在于种皮中，故加工程度对其含量影响较大。玉米中烟酸含量并不低，甚至高于小麦粉，但大都为结合型烟酸，不能被人体吸收，导致以玉米为主食的人群容易发生癞皮病。如果用碱处理玉米，可以将结合型的烟酸水解为游离型的烟酸，容易被机体利用。

（5）维生素 B6。维生素 B6 包括吡哆醇、吡哆醛和吡哆胺三种天然形式，一般在酸性溶液中稳定，而在碱性环境中加热容易被分解破坏。

第一，维生素 B6 的生理功能。维生素 B6 是体内多种酶的辅酶，参与体内的多种代谢反应。

第二，维生素 B6 缺乏症。维生素 B6 的缺乏一般伴有多种 B 族维生素摄入不足的症状。主要表现为脂溢性皮炎、口炎、口唇干裂、舌炎、易被激怒、抑郁等症状。

第三，维生素 B6 的参考摄入量与食物来源。我国居民成年人维生素 B6 的

膳食参考摄入量为 1.2mg/d；维生素 B6 食物来源很广泛，但一般含量不高。含量较多的食物有蛋黄、肉、鱼、肝脏、肾脏、全谷、豆类和蔬菜。人体肠道内也可合成少量维生素 B6，一般认为人体不易缺乏维生素 B6。

（6）维生素 B12。维生素 B12 又称为钴胺素，是人体中唯一含有金属元素的维生素。它的化学性质稳定，在弱酸条件下最稳定，在强酸或强碱中容易被分解，容易被强光、紫外光、氧化剂和还原剂所破坏，是人体造血不可缺少的物质。

第一，维生素 B12 的生理功能。维生素 B12 以两种辅酶形式即甲基 B12 和辅酶 B12 参与机体生化反应。

第二，维生素 B12 缺乏症。由于维生素 B12 可以被重新吸收利用，因此身体内的需要量很少，多数缺乏症是由于吸收不良引起的，主要见于膳食中严格限制动物性食物的素食者、胃肠道疾病患者。如果维生素 B12 缺乏可以引起巨幼红细胞贫血、神经系统损害和高同型半胱氨酸血症。

第三，维生素 B12 的参考摄入量与食物来源。我国居民成年人维生素 B12 的膳食参考摄入量为 2.4μg/d；维生素 B12 主要食物来源为肉类、动物内脏、鱼、禽、贝壳类及蛋类，乳及乳制品中含量较少，植物性食物基本不含维生素 B12。

（7）叶酸。叶酸是含有蝶酰谷氨酸结构的一类化合物的统称，因最早由菠菜叶中分离出来而得名。叶酸在酸性溶液中对热不稳定，在中性和碱性条件下十分稳定。食物中的叶酸烹调加工后的损失率可达 50%～90%。

第一，叶酸的生理功能。叶酸在人体内的活性形式为四氢叶酸。叶酸与人体许多重要的生化过程关系密切，直接影响核酸的合成以及氨基酸的代谢，对细胞分裂和增殖具有极其重要的意义。

第二，叶酸缺乏症。叶酸广泛存在于食物中，一般不会缺乏。膳食摄入不足、酗酒等是妨碍叶酸吸收和利用的重要因素。叶酸严重缺乏的典型临床表现为巨幼红细胞贫血，患者出现红细胞成熟障碍，伴有红细胞和白细胞减少的症状。叶酸缺乏还可引起高同型半胱氨酸血症，使同型半胱氨酸向蛋氨酸转化出现障碍，进而导致同型半胱氨酸血症，从而增加心血管病的危险性。叶酸缺乏还可引起身体衰弱、精神萎靡、健忘、失眠、胃肠功能紊乱和舌炎等症状，儿童则会生长发育不良。

第三，叶酸的参考摄入量和食物来源。我国居民成年人叶酸的膳食参考摄入量为400μg/d。妊娠和哺乳期间叶酸需要量明显增加，妊娠期叶酸膳食参考摄入量为600μg/d，哺乳期为500μg/d。叶酸广泛存在于动植物性食物中，富含叶酸的食物为动物肝、肾、鸡蛋、豆类、酵母、绿叶蔬菜、水果及坚果等。

（五）矿物质

人体内的元素除碳、氢、氧、氮以有机物的形式存在外，其余的元素均以无机物的形式存在，这些元素统称为矿物质，又称为无机盐。

根据矿物质在人体中的含量以及人体对于它们的需要量，分为常量元素和微量元素。机体中含量大于体重0.01%的矿物质称为常量元素或宏量元素，如钙、磷、钠、钾、氯、镁、硫等。含量小于体重0.01%的矿物质称为微量元素，如铁、锌、铜、锰、碘、硒、氟等。

矿物质在体内不能合成，必须从食物和水中摄取。摄入体内的矿物质经机体的新陈代谢之后，每天都有一定的数量随粪、尿、汗、头发、指甲及皮肤脱落而排出体外，因此，矿物质需要不断地从膳食中供给。

矿物质的生理功能主要是：①矿物质是构成机体组织的重要成分，如钙、磷、镁构成骨骼和牙齿，硫和磷是构成蛋白质的成分；②矿物质是细胞内外液的组成成分，如钾、钠、氯与蛋白质一起维持细胞内外液的适宜渗透压；③矿物质有利于维持体内酸碱平衡，如磷、氯为酸性元素，钠、钾、镁为碱性元素，共同形成机体的缓冲体系；④矿物质参与构成功能性物质，如血红蛋白中的铁、甲状腺素中的碘；⑤矿物质有助于维持神经和肌肉的兴奋性，如钙为神经系统对兴奋传导的必需元素。

1. 宏量矿物质元素

（1）钙。钙是人体含量最多的矿物质元素。人体内99%的钙集中在骨骼和牙齿，主要以羟磷灰石形式存在；其余1%的钙以结合或离子状态存在于软组织、细胞外液和血液中，称为混溶钙池。

第一，钙的生理功能。主要包括：①构成骨骼和牙齿；②维持神经与肌肉

的兴奋性，如血钙增高可以抑制神经与肌肉的兴奋性，反之则引起神经与肌肉兴奋性增强，导致手足抽搐；③促进酶的活性。钙在体内是许多酶的组成部分，并且可以激活一些酶的活性。

第二，钙的吸收。

促进钙吸收的因素主要包括：①维生素D：是一种脂溶性维生素，其主要生理功能是促进钙的吸收；②乳糖以及氨基酸：能与钙结合，形成可溶性钙盐，促进钙的吸收；③食物呈酸性环境：可以使钙处于溶解状态，提高吸收率。

干扰钙吸收的因素主要包括：①膳食中的草酸盐、植酸盐：可以与钙结合形成不溶性的钙盐，影响钙的吸收，草酸盐、植酸盐存在于植物性食物中，菠菜、苋菜、竹笋等含量较高；②膳食纤维：也会干扰钙的吸收，可能是其中的糖醛酸残基与钙结合所致；③脂肪摄入量过高：可使大量脂肪酸与钙形成钙皂，影响钙的吸收。

第三，钙的缺乏与过量。长期钙摄入不足，婴幼儿可引起佝偻病，成年人可引起骨质疏松。佝偻病通常见于6～24个月的婴幼儿，表现为O型腿或X型腿、方颅、肋骨串珠、鸡胸、食欲不振、多梦易惊、盗汗、抵抗力下降等症状。骨质疏松症主要表现为腰背疼痛、易发生骨折等；钙无明显毒副作用，过量的主要表现为增加患肾结石的危险，并干扰铁、锌、镁、磷等矿物质的吸收和利用。

第四，钙的参考摄入量与食物来源。我国居民成年人钙的膳食参考摄入量为800mg/d；奶和奶制品是钙的最佳食物来源，含量丰富并且吸收率高。小鱼、小虾、海带、豆制品、芝麻酱以及一些绿色蔬菜也是钙的食物来源。

（2）磷。磷也是人体含量较多的元素之一。在成年人体内含量为600～900g左右，占体重的1%左右。

第一，磷的生理功能。主要包括：①构成骨骼和牙齿，人体内85%～90%的磷以羟磷灰石的形式存在于骨骼和牙齿中；②构成生命物质成分，磷是核酸的组成成分，是细胞膜的必要构成物质；③参与机体能量代谢，磷也是构成三磷酸腺苷（ATP）的重要成分，与机体的能量代谢密切相关；④参与调节酸碱平衡。磷酸盐缓冲体系接近中性，是体内重要的缓冲体系。

第二，磷的供给量与食物来源。磷是与蛋白质并存的，在含蛋白质和钙丰富的肉、鱼、禽、蛋、乳及其制品中，如瘦肉、蛋、奶、动物肝脏、肾脏含量很高，海带、紫菜、芝麻酱、花生、坚果含磷也很丰富。由于磷的食物来源较广，一般膳食中不易缺乏。

（3）钾与钠。钾和钠都为人体重要的矿物质，成人体内钠含量为 3200（女）～ 4170（男）mmol，约占体重的 0.15%，成人体内钾的含量大约是钠含量的两倍，二者都来源于食物。

第一，钾与钠的生理功能。钠和钾的主要生理功能是维持细胞的渗透压和酸碱平衡，维持神经和肌肉的正常兴奋功能。钠和钾是一对拮抗因子，钠可以使血压上升，钾可以使血压下降。每摄入 2300mg 钠，可使血压升高 2mmHg。

第二，钾与钠的缺乏。人体每天摄入食盐，一般不易出现钠的缺乏，但在高温过量出汗、反复呕吐、腹泻时会使钠丢失过多，应及时补充生理盐水。

正常进食的人一般不易发生钾摄入不足，如果摄取不足或损失太多，可以引起钾的缺乏症。当体内缺钾时会出现肌无力、心律失常、肾功能障碍等症状。

第三，钾与钠的参考摄入量与食物来源。我国居民成年人钠的膳食参考摄入量为 2200mg/d（1g 食盐含 400mg 钠），钾的膳食参考摄入量为 2000mg/d；钠普遍存在于各种食物中，人体钠的主要食物来源为食盐等咸味调味品以及腌渍的咸菜等。大部分食物都含有钾，但蔬菜和水果是钾的最好来源。

2. 微量矿物质元素

（1）铁。铁是人体必需微量元素中含量最多的一种，总量为 4 ～ 5g。铁主要以功能性铁的形式存在于血红蛋白、肌红蛋白以及含铁酶中，占体内总铁量的 60%～ 75%，其余则以铁蛋白等储存铁的形式存在于肝、脾、骨髓中，约占 25%。

第一，铁的生理功能。铁最主要的功能是构成血红蛋白和肌红蛋白，参与机体组织的呼吸过程。

第二，铁的吸收。食物中的铁有血红素铁和非血红素铁两种存在形式。血红素铁主要存在于动物性原料中，以二价铁形式存在，人体容易消化吸收；非

血红素铁存在于植物性食物当中，通常以三价铁形式存在，人体不易消化吸收，必须被还原成二价铁后才能被吸收。与钙的吸收一样，膳食中既存在促进铁吸收的因素，也存在干扰铁吸收的因素。维生素C、某些单糖、有机酸以及动物肉类可以促进非血红素铁的吸收。而粮谷和蔬菜中的植酸盐、草酸盐以及茶叶和咖啡中的多酚类物质则会干扰铁的吸收。

第三，铁的缺乏。铁缺乏是我国居民常见的一种营养性缺乏病，铁的缺乏症为缺铁性贫血。膳食中可利用的铁长期不足是造成缺铁性贫血的主要原因，特别是婴幼儿、孕妇及乳母最易发生缺铁性贫血。发生缺铁性贫血时，表现为乏力、面色苍白、头晕、心悸、指甲脆薄、食欲不振等症状，儿童表现为易烦躁、智力发育差、抗感染力下降等症状，因此提高食物中铁的吸收率是改善缺铁性贫血的重要措施。

第四，铁的参考摄入量与食物来源。我国居民铁的膳食参考摄入量为：成年男性 15mg/d，成年女性 20mg/d。

铁广泛存在于各种食物中，但分布极不平衡，吸收率也差距较大。一般动物性食物铁的含量和吸收率较高，因此膳食中铁的良好来源为动物肝脏、动物全血、畜禽肉类以及鱼类，其中鱼为 11%，动物肉、肝为 21%。植物性食物中铁的吸收率较动物性食物低，如大米为 1%，小麦、面粉为 5%，蛋类铁的吸收率较低，仅为 3%。牛奶是贫铁食物，铁的吸收率不高。

（2）碘。人体内约含碘 20 ～ 50mg。甲状腺组织内含碘最多，占体内总碘量的 20%左右。

第一，碘的生理功能。碘在体内主要参与甲状腺素的合成，其生理功能也是通过甲状腺素的作用表现出来的。甲状腺素是调节人体物质代谢的重要激素，具有促进生长发育的作用。甲状腺素对儿童的生长发育影响非常大。

第二，碘的缺乏与过量。当膳食和饮水中碘供应不足时，会造成甲状腺素分泌不足，刺激甲状腺增生肥大，称为甲状腺肿。甲状腺肿可由于环境或食物缺碘造成，常为地区性疾病，称为地方性甲状腺肿。若孕妇严重缺碘，导致胎儿碘缺乏，会引起胎儿永久性神经肌肉和智力发育障碍，出现先天性的呆小症，称为克汀病。如果摄入碘过高，也可导致高碘性甲状腺肿。因此碘的摄入量要控制在一定的范围内。

第三，碘的参考摄入量与食物来源。我国居民成年人碘的膳食参考摄入量为 150μg/d；人体所需的碘可由饮水和食物中获得，此外用碘化钾或者碘酸钾强化食盐也是一种预防碘缺乏的有效措施。含碘较高的食物为海带、紫菜、海鱼、海虾等海产品，应经常食用海产品。食物及饮水中碘的含量受各地土壤地质状况的影响，含量有所不同。

（3）锌。锌是人体必需的微量元素，主要存在于肌肉、骨骼和皮肤中，对人体具有非常重要的意义。

第一，锌的生理功能。主要包括：①作为酶的组成成分或作为酶的激活剂：锌参与人体内许多酶的组成，如超氧化物歧化酶、乳酸脱氢酶羧肽酶等；②促进生长发育与组织再生：锌与 DNA、RNA 和蛋白质的生物合成密切相关，促进机体生长发育，并且参与细胞的生长分裂和分化，锌对于胎儿的生长发育非常重要，是促进性器官和性功能正常发育的必需元素；③促进食欲：锌是味觉素的结构成分，缺锌时人的味觉减退，食欲下降；④参与创伤组织的修复：缺锌时伤口不易愈合，锌对于维持皮肤健康是必需的；⑤维护免疫功能：锌能直接影响胸腺细胞的增殖，使胸腺素分泌正常，以维持细胞的免疫功能。

第二，锌的缺乏。人体缺锌时表现为生长发育停滞，食欲不振，味觉迟钝甚至丧失，皮肤创伤不易愈合，免疫机能下降，易感染疾病。还容易导致性成熟延迟，第二性征发育迟缓，性功能减退。如果孕妇缺锌，可能会影响胎儿的生长发育，导致胎儿畸形。

第三，锌的参考摄入量与食物来源。我国居民锌的膳食参考摄入量成年男性为 15mg/d，成年女性为 11.5mg/d；锌的来源广泛，一般以动物性食物如贝壳类海产品、红色肉类、动物肝脏等作为锌的良好来源。坚果类、谷类胚芽和麦麸也富含锌，乳酪、虾、燕麦、花生等也是锌的良好来源。

（4）硒。硒在人体内的含量很低，总量为 14 ～ 20mg，广泛分布于所有组织和器官中，其中肝、胰、肾、心、脾、牙釉质等部位含量较高，脂肪组织含量最低。

第一，硒的生理功能。主要包括：①抗氧化作用：硒是谷胱甘肽过氧化物

酶的重要组成成分，在体内起抗氧化的作用；②解毒作用：硒可以和许多重金属如汞、铅等结合形成复合物排出体外，是重金属的天然解毒剂；③保护心血管，维护心肌的健康：我国部分地区曾流行以心肌损害为特征的地方性心脏病，缺硒是一个重要因素；④其他功能：硒还有增强机体免疫功能、促进生长、保护视觉器官等作用。

第二，硒的缺乏与过量。

硒的缺乏病为克山病，其症状表现为心肌发生病变，心脏扩大，心功能不全和心律失常，严重可致心肌坏死。缺乏的原因是水土环境和膳食中缺硒。

硒摄入过量会引起中毒，表现为头发干燥、变脆、易断裂；指甲变脆、有脱甲断裂现象；肢端发生麻痹，抽搐甚至可以引起死亡。

第三，硒的参考摄入量与食物来源。我国居民成年人硒的膳食参考摄入量为50μg/d；食物中硒含量受当地水土中硒含量的影响很大。动物性食物肝、肾、肉类及海产品是硒的良好食物来源，蔬菜和水果含硒量较少。食物加工后可损失部分硒。

（六）水

水是人体赖以生存的基础，是一种必需营养素。水是人体含量最多的成分，人体的含水量与年龄、性别有关。年龄越小，含水量越高。新生儿含水量最高，可达体重的80%。成年男性体内水分占体重的60%，而成年女性体内水分只占到体重的50%。

1. 水的生理功能

（1）参与构成组织。水是构成人体组织细胞和体液的重要成分。成年人体内水分含量约占体重的55%，体内代谢活跃的组织器官水分的含量也比较高，充分说明了水在构成人体的内环境和组织代谢中的重要性。

（2）参与人体内物质代谢。水具有较大的流动性，在消化、吸收、循环、排泄过程中协助营养物质的运送和废物的排泄，促进生化反应和生理活动。

（3）调节体温。水的比热容大，能吸收较多的热量而其本身的温度升高不大，因而使得体温不致由于内外环境的改变而发生显著变化，有利于人体体温的调节。

（4）润滑作用。存在于关节、胸腔、腹腔和胃肠道等部位的水分，对关节、肌肉、组织能起到缓冲、润滑、保护的作用。特别是关节腔内的水分使关节的运动更加自如，减少软骨及骨之间的磨损，保护组织器官。

2. 人体水的平衡

正常人每日水的来源和排出处于动态平衡。人体每日都会有一部分的水通过大小便、汗液等途径流失，同时也通过饮水、摄取食物等途径来补充这部分水。人体的水来源于饮水、食物中的水以及体内营养素代谢所产生的内生水三部分。一般情况下，水的来源和排出量每日维持在 2500ml 左右。其中包括饮水 1200ml，直接从食物中获得的水 1000ml 和内生水 300ml。

人体的水平衡受中枢神经系统的调节。当体液减少时会产生口渴的感觉，刺激人主动喝水。摄入的水在激素的调节下分配到各个组织器官或携带血液中的代谢废物从尿液中排出体外。

无论是缺水还是饮水不足，对人体的健康都会造成严重的影响。体内缺水严重会产生口渴、乏力、情绪激动和兴奋等症状，严重时会出现肌肉抽搐、手足麻木、血压降低、脉搏细弱和肢体冰凉等症状，甚至可由于体内电解质紊乱而抽搐死亡。饮水过多会导致轻度乏力、头晕、记忆力下降、血压轻度升高，严重者血压升高、水肿，可导致心力衰竭而死亡。因此维持水的代谢平衡非常重要。

第三节　营养素之间的相互联系

一、各种营养素之间的相互关系

在正常的生理条件下，营养素在体内进行各种生理生化作用，既有各种营养素之间的相互联系，也有它们之间的相互制约。因此营养素在机体内进行的一切生物学代谢都与各种营养素之间的适量配合有一定的关系。营养素之间的相互影响是多种多样的，但总的来讲有以下方面：

第一，营养素之间的相互直接作用。如钙与镁、钾与钠等离子之间的配合与抗衡。

第二，营养素之间的相互转换。有些营养素是另一些营养素的前体物质，如色氨酸可转换成烟酸、亚油酸可转换成花生四烯酸。

第三，参与其他营养素的代谢过程。有些营养素以酶或辅酶形式参与或影响另一些营养素的代谢和调节作用。如：维生素 B1、维生素 B2、维生素 B3 对宏量营养素的代谢起调节作用。

第四，对消化、吸收、排泄的影响。如过量脂肪可能干扰钙的吸收、维生素 D 增加钙的消化吸收。蛋白质缺乏会增加核黄素的排泄，膳食纤维增加胆酸盐和脂类的排泄。

第五，通过对形成激素而间接影响其他营养素。如碘缺乏导致甲状腺素的生成受阻，从而影响宏量营养素的代谢。

二、各种营养素之间关系的要点

（一）产能营养素之间的相互关系

产能营养素之间的相互关系最主要的表现是糖类和脂类对蛋白质的节约问题。由于提供了适量的糖类和脂类，给机体供给了能量。因此就可以减少蛋白质作为供给能量的代谢分解，而有利于改善氮平衡状态，增加体内氮的储留。如果糖类和脂类的供给量不足，未能达到最低标准，机体就将分解蛋白质供给能量，以保持机体最基本的生理能量需要。因此糖类和脂类的适量对蛋白质用于能量的分解起到了节约作用。所以，当蛋白质保持体内适量时，摄取糖类和脂类为机体提供能量是最经济实际的途径。但也不要因糖类和脂类对蛋白质有节约作用而过分地降低蛋白质的供给量，一定要保证人体健康的适宜供给量，因为它是生命物质的基础。

（二）氨基酸之间的相互关系

氨基酸之间的关系，主要表现在必需氨基酸和非必需氨基酸之间的关系上。必需氨基酸在机体的生理生化过程中有着非常重要的作用。但并不代表非必需氨基酸就不重要。因为只有在人类摄取食物中必需氨基酸和非必需氨基酸的构成比例适应机体的需要时，才有重要的生物学意义。所以在人类机体蛋白质合成中必需氨基酸和非必需氨基酸都是非常重要的，非必需氨基酸缺少也影响机体的正常生理功能。

另外，有些氨基酸也可以相互转化，如苯丙氨酸转化成酪氨酸；半胱氨酸转化成蛋氨酸，以满足体内蛋白质的合成。但是一种氨基酸大量出现在摄入的食物中，不论是必需氨基酸或非必需氨基酸，都将引致机体氨基酸不平衡。如在含酪蛋白的正常食物中分别加入5%的蛋氨酸、赖氨酸、色氨酸、亮氨酸和谷氨酸等，都可导致动物进食量下降与严重的生长障碍；而大量的蛋氨酸与赖氨酸可以使脑中异亮氨酸、亮氨酸及精氨酸耗竭。因此，体内任何一种营养素缺少或过量都将对人体健康造成危害。所以在摄取营养素时一定要保持机体需要的动态平衡。

（三）维生素与宏量营养素之间的关系

维生素与宏量营养素之间的关系最为重要的是维生素B1、维生素B2、维生素B3等B族维生素在机体内以酶的形式参与热能的代谢过程，如果没有这些维生素的参与，正常的生理代谢就会失调，人体能量供给就难保持，机体会因营养不良受到严重威胁。

（四）维生素之间的相互关系

维生素在机体内相互配合和相互制约是多数维生素的共性。如维生素B2、维生素B3、维生素B12在体内的联合作用使它们在体内产生密切的关系，维生素B1缺乏时，组织中的维生素B2含量下降，而尿液中的排出量增加，说明维生素B1缺乏时可影响维生素B2在体内的正常利用。各种维生素摄入量保持适量也非常重要。某种维生素过量或摄入不足往往会增加或加剧其他维生素的过量或是缺乏。例如，当膳食中缺乏多种B族维生素时，单纯给予大量维生素B1，可以明显检出维生素B3缺乏的现象；补充维生素C所产生的维生素B12的类似物，也使得维生素B12缺乏有所加剧。另外，维生素E有助于促进维生素A在肝脏内的储存，这与维生素E对维生素A的保护抗氧化作用有关。

（五）矿物质元素之间的相互关系

矿物质是机体中含量极少的元素，虽含量极少但在机体中相互配合、相互

制约，发挥着非常重要的生物学作用。例如，铜、钾、氯在代谢中密切相关，它们在控制渗透压和酸碱平衡方面发挥着极为重要的功能作用；在水分代谢作用中也同样发挥着重要作用。人体内的钠离子和钾离子主要同氯离子密切结合；因此，氯不缺乏时，很少有钠和钾缺乏的现象。铁是机体血液和多种酶的重要元素，如果摄入过量的铁可与磷结合形成不溶性的磷酸复合物，影响磷的吸收，造成磷缺乏。体内血红蛋白铁的合成也需要蛋白质、铜、维生素C、维生素B6、叶酸和维生素B12。因此，矿物质在体内还与其他营养素之间相互联系、相互配合，构成机体一个完整的生物学过程。

（六）膳食纤维与其他营养素之间的关系

膳食纤维是不能被人体吸收的糖类。虽不能被人体吸收，但它在机体生物代谢中发挥着非常重要的生理作用。与各种营养素之间的关系既有有利因素，也有不利因素。降低某种营养素的利用率、控制体重，对肥胖人来讲是有利的，而对瘦人来讲则是不利的。此外，它还能影响机体对某些微量元素的吸收，如铜、铁、锌等。

（七）营养素与基因之间的关系

生物体内的重要内在因子是遗传物质核酸（DNA），它是由一系列嘌呤和嘧啶碱基以一种预先排列的模式通过磷酸和核酸基因连接起来的。DNA这种预先排列的模式存在于人体的46条染色体上。这些染色体人为地划分为若干特定单元，这些特定单元就叫基因。这些基因决定了人类生命的特性和特征，包括性别、寿命、新陈代谢功能、外部特征、对外界环境的多种反应等。

营养素与基因的相互作用对受孕、正常生长发育及健康长寿都有潜在影响，可能还对造成死亡的疾病有决定性作用。因此，营养素不仅在新陈代谢过程中作为基础物质、辅酶或辅因子发挥作用，而且还在调节编码各种蛋白质，如酶、载体、受体和生物体的结构成分在基因方面发挥作用。所以，细胞类型和功能上的多样化取决于营养素的适宜摄入量，这些营养素可以维持新陈代谢，并支配个体基因型的表型表达。营养素虽然不能改变一个人的最终遗传命运，但它可以改变某些遗传命运特征出现的时间框架，因此营养素与遗传、健康、疾病有非常重要的直接和间接的联系。

第五章　烹饪营养价值及膳食平衡

第一节　烹饪原料中的营养价值分析

一、烹饪原料营养价值的评价

人体需要的能量和营养素主要从食物中获得，“成人的能量消耗主要用于基础代谢、身体活动和食物热效应三个方面。”[①] 自然界中可供人类食用的食物种类繁多，根据其性质、来源以及在烹饪中的作用可分为三大类：①动物性原料，如畜禽肉类、内脏类、奶类、蛋类、水产品等；②植物性原料，如粮谷类、豆类、薯类、坚果类、蔬菜类、水果类等；③加工性原料，是以动物性、植物性天然原料为基础，通过加工制作的原料，如糖、油、酒、罐头、糕点等食物，大多数调味料也是由动植物性原料加工而成。

作为烹饪工作者，必须要了解各种烹饪原料的营养价值，才能进行科学合理的选用。

烹饪原料的营养价值是指某种烹饪原料中所含有的营养素和能量满足人体营养需要的程度。各种原料由于所含营养素的种类和数量满足人体营养需要的程度不同，营养价值有高低之分。烹饪原料营养价值的高低往往取决于原料中营养素的种类是否齐全、数量是否充足、相互比例是否适宜以及在人体中被消化吸收的程度。理想的营养价值高的原料除了含有人体所必需的能量和营养素

① 孟晓娟，王云霞，王文涛．烹饪营养与配餐［M］．武汉：华中科技大学出版社，2019：8.

以外，还要求各种营养素的种类、数量、组成比例都要符合人体的需要，并且容易被人体消化吸收。

在自然界中，食物原料各具特色，其营养价值各不相同，除了母乳能完全满足零到六个月婴儿的需要之外，还没有任何一种食物能满足人体的全部需求。各种烹饪原料，其营养素的含量和组成也各有特点，即使是同一种原料，由于品系、产地、种植条件、使用肥料、收获时间、储存条件以及加工方法等的不同，都会影响到烹饪原料的营养价值。例如同样是西红柿，大棚生产的和露天生产的果实维生素 C 的含量是有所差别的。

（一）烹饪原料营养价值评价的意义

第一，有助于烹饪工作者全面了解原料中营养素的组成与含量的特点，以便最大限度地利用食物原料。

第二，有助于烹饪工作者了解烹饪原料在收获、加工、运输、储存等过程中可能存在的影响营养价值的因素，以便于合理地利用食物原料，提高营养价值。

第三，有助于烹饪工作者科学地进行原料的搭配，使烹饪原料的选择与搭配更为合理。

（二）烹饪原料营养价值的评价指数

目前我们常用营养质量指数（INQ）作为评价原料营养价值的指标。即营养素密度（某营养素占供给量的比）与能量密度（该食物所含能量占供给量的比）之比。其计算方法为：INQ= 营养素密度某营养素含量 / 该营养素参考摄入量标准能量密度食物的能量 / 能量参考摄入量标准。

INQ=1，表示该原料提供营养素的能力与提供能量的能力相当，二者满足人体需要的程度相同，为“营养质量合格食物”，即“吃饱也吃好”。

INQ ＞ 1，表示该原料提供营养素的能力大于提供能量的能力，也为“营养质量合格食物”，并且其能量值较低而且营养丰富，即“还没有吃饱就能够满足营养素的需要”。

INQ ＜ 1，表示该原料提供营养素的能力小于提供能量的能力，即“吃饱了也没有得到足够的营养素”，长期摄入此类食物原料，可能发生营养素的不足或能量过剩，说明该原料营养价值比较低。

二、谷类原料的营养价值分析

谷类即通常所说的粮食，其种类繁多，我国以大米和小麦为主，并搭配摄取各种杂粮，例如玉米、小米、高粱、燕麦等。

（一）谷类的结构与营养素分布

各种谷类种子形态大小不一，但其结构基本相似，都是由谷皮、糊粉层、胚乳、胚四个部分组成。

谷皮为谷粒的外壳，主要成分为纤维素、半纤维素和木质素等，含有一定量的蛋白质、脂肪、B族维生素和矿物质等。谷皮食用价值不高，常因影响谷类的食味和口感而在加工时被去除。

糊粉层位于谷皮与胚乳之间，除含有较多的纤维素外，还含有丰富的B族维生素及矿物质，具有重要的营养学意义。另外，糊粉层还含有一定量的蛋白质和脂肪。但在碾磨加工时，糊粉层易与谷皮同时脱落，而混入糠麸中被丢弃。

胚乳位于谷粒的中部，是谷类的主要部分，含有大量的淀粉和一定量的蛋白质。“生命的产生和存在，都与蛋白质有直接关系，没有蛋白质就没有生命。”[①] 蛋白质主要分布在胚乳的外周部分，越靠近胚乳周边，蛋白质的含量越高；越靠近胚乳中心，蛋白质的含量越低。

胚芽位于谷粒的下端，富含脂肪、蛋白质、矿物质、B族维生素和维生素E。胚芽质地比较软而且有韧性，不易粉碎，但在加工时易与胚乳分离而损失。

（二）谷类的营养价值

第一，蛋白质。谷类蛋白质的含量因谷类的种类、种植的土壤、结构、气候及栽培的条件等不同而有一定的差异。大多数谷类蛋白质的必需氨基酸组成不平衡。一般而言，谷类蛋白质赖氨酸含量少，是其限制氨基酸，因此谷类蛋白质的营养价值低于动物性食物。但谷类食物在膳食中所占的比例较大，提供的蛋白质占人体每日蛋白质需要量的30%以上，因此仍然是膳食蛋白质的重要

① 杜立华．烹饪营养与配餐 第2版[M]．重庆：重庆大学出版社，2021：2.

来源。要提高谷类蛋白质的营养价值，可以采用氨基酸强化和蛋白质互补的方法，如进食赖氨酸强化的面食、粮豆共食、多种谷类共食或粮肉共食等。

第二，碳水化合物。谷类中碳水化合物集中在胚乳内，谷类中含有两种形式的淀粉：直链淀粉和支链淀粉。一般谷类中直链淀粉约占 20%～25%，糯米中的淀粉几乎全部为支链淀粉。除含淀粉外，还有 10%的碳水化合物为糊精、葡萄糖、果糖和膳食纤维等。因为富含碳水化合物，谷类是人体能量最经济、最理想的来源。

第三，脂类。谷类脂肪的含量较低，谷类脂肪主要含不饱和脂肪酸，质量较好。从小麦胚芽和玉米胚芽中提取的胚芽油，不饱和脂肪酸含量高达 80%，其中亚油酸约占 60%，可明显降低血清胆固醇，有防止动脉粥样硬化的作用。

第四，矿物质。谷类矿物质以磷、钙、铁、镁为主。矿物质主要存在于谷皮与糊粉层中，因而在加工的过程中大多被丢弃。此外，谷类含有一定量的植酸，能与矿物质形成不溶性的植酸盐，影响其吸收。

第五，维生素。谷类是膳食中 B 族维生素的重要来源，这些维生素主要集中在谷类的糊粉层和胚芽部分，因而加工的方法和加工的精细程度会影响谷类原料中 B 族维生素的含量。谷类一般不含维生素 A、维生素 D 和维生素 C，只有黄玉米和小麦含有少量的类胡萝卜素，小麦胚芽中含有丰富的维生素 E。

（三）加工对谷类营养价值的影响

谷类加工，根据成品可以分为制米与制粉两种方式。加工方式对谷类原料的营养价值具有一定的影响。

谷类加工精度与谷类营养素的损失程度有着密切的联系，加工精度越高，营养素损失越大，维生素尤以 B 族维生素丢失越显著，矿物质损失越大。

如果谷类加工粗糙，出粉（米）率高，虽然营养素损失减少，但口感和食味较差。同时由于植酸和纤维素含量较多，还将影响其他营养素的吸收，如植酸与钙、铁、锌等整合成植酸盐，不能被机体利用，使得谷类含有的各类营养素的消化吸收率也会相应降低。为了弥补精白米、精白面在加工过程中营养素丢失过多的问题，目前常采用强化和改进加工工艺等措施。

三、豆类及豆制品的营养价值分析

“我国种植和食用豆类的历史悠久，豆类相关制品有上百种，具有较高的营养价值。”① 豆类分为大豆和其他豆类。大豆种类很多，如黄豆、黑豆和青豆等，一般所说的大豆是指干黄豆。其他豆类包括豌豆、蚕豆、绿豆、豇豆、赤小豆、芸豆和刀豆等。豆制品是指由大豆制作的半成品，主要有豆浆、豆腐脑、豆腐干、腐竹和豆腐乳等。

（一）大豆的营养价值

第一，蛋白质。大豆含有的蛋白质是谷类的 3 ～ 5 倍，为植物性食品中蛋白质含量最多的食品，黑大豆的蛋白质含量甚至高达 50%。大豆蛋白质属于优质蛋白质，是我国人民膳食中优质蛋白质的重要来源，除蛋氨酸含量略低外，其余与动物性蛋白质相似，是最好的植物性蛋白质。

第二，脂类。大豆约含脂肪 15%～ 20%，其中不饱和脂肪酸占 85%，且以亚油酸最多，高达 55%左右。此外大豆脂肪中还含有一定量的大豆卵磷脂，是高血压、动脉粥样硬化等患者的理想食品。

第三，碳水化合物。大豆碳水化合物的含量为 20%～ 30%，其中一半是可供人体利用的，以五碳糖和糊精的比例较大，淀粉较少；另一半则是人体不能消化吸收的棉籽糖和水苏糖，在肠道细菌的作用下可发酵产生二氧化碳和氨气，引起腹胀。

第四，矿物质与维生素。大豆含有丰富的钙、磷、铁，明显多于谷类，但由于大豆中膳食纤维的存在，钙和铁的消化吸收率并不高。大豆中的维生素 B1、维生素 B2 和烟酸等 B 族维生素的含量也比谷类多，并含有一定量的胡萝卜素和维生素 E。干豆几乎不含维生素 C，但经发芽制成豆芽后，其含量明显提高。

第五，其他成分。大豆中含有多种生物活性物质，如大豆皂苷和大豆异黄酮等。大豆异黄酮属于植物雌激素，有助于减少与雌激素有关的癌症如乳腺癌发生的危险。大豆异黄酮和大豆皂苷都具有抗氧化、降低血脂和胆固醇的作用。

大豆中还含有蛋白酶抑制剂，能抑制胰蛋白质酶、胃蛋白酶等的作用，从

① 程音．豆类营养价值及豆制品合理选择［J］．食品安全导刊，2022，（12）：103-105.

而影响人体对蛋白质的消化和吸收。在烹调过程中通常采用加热的方法将蛋白酶抑制剂破坏。

（二）其他豆类的营养价值

其他豆类又被称为“杂豆类”，蛋白质的含量低于大豆，高于谷类，一般在20%～30%之间。脂肪的含量也较低，约为1%。碳水化合物的含量十分丰富，约为50%～60%，主要形式是淀粉。维生素和矿物质的含量也很丰富。

（三）豆制品的营养价值

豆制品包括非发酵性的大豆制品（如豆浆、豆腐、豆腐干、腐竹等）和发酵性大豆制品（如腐乳、豆豉、臭豆腐等）。淀粉含量较高的豆类如绿豆还可制作成粉丝、粉皮等。

在豆制品的生产过程中，经过浸泡、加热、脱皮、碾磨等处理，减少了一些干扰营养素消化吸收的抗营养因子，使大豆中各种营养素的利用程度都得到了提高。

第一，豆腐。豆腐根据其加工方法的不同可以分为南豆腐和北豆腐。南豆腐的原料为大豆，制成的成品质地细嫩，含水量较高；北豆腐的原料一般采用提取脂肪后的大豆，含水量不高，质地比南豆腐硬。

豆腐由于在加工时，通过磨浆、过滤、煮浆等工序，去除了大量的膳食纤维和植酸，蛋白质受热变性，豆类中对人体有害的蛋白酶抑制剂被加热破坏，营养素的利用率有所提高。

第二，豆腐干。将豆腐进一步压榨去水分可以制成豆腐干和千张等。豆腐干含水量明显降低，各种营养成分由此而浓缩。千张又称百叶，水分含量更低。

第三，豆浆。豆浆是中国人常用的饮料，是将大豆用水浸泡后，磨碎过滤，煮沸而成。豆浆蛋白质主要与原料的使用量和加水量有关。豆浆的营养成分更接近于牛奶，但是比牛奶的脂肪含量少，并且不饱和脂肪酸比例高，更适合老人年和高血脂患者饮用。

第四，发酵性豆制品。发酵性豆制品包括豆豉、豆瓣酱、豆腐乳和臭豆腐等，是大豆及大豆制品经接种霉菌发酵后制成的。大豆经过发酵工艺后，部分蛋白质分解产生氨基酸和多肽，有利于蛋白质的消化吸收。同时一些B族维生素在发酵过程中由微生物合成，使得含量增加。

第五，粉条、粉皮、凉粉。粉条、粉皮、凉粉是以富含淀粉的豆类加工制成的。由于制作时大部分蛋白质以“酸水”的形式被弃去，故其成分主要为碳水化合物，其他成分很少。

第六，豆芽。大豆和绿豆制成豆芽后，除含原有营养成分外，还可产生维生素C。当新鲜蔬菜缺乏时，豆芽是维生素C的良好来源。大豆芽中含天门冬氨酸较多，常用来吊汤增鲜。

四、蔬果类原料的营养价值分析

蔬菜、水果是人们日常生活中的重要食物，它们在营养素的组成与含量上有一定的共性，如都含有较多的水分，蛋白质、脂肪的含量很低，碳水化合物的含量因品种而异，而一些维生素和矿物质，特别是水溶性维生素含量很丰富，同时还是人体膳食纤维的非常重要的来源。蔬菜、水果还含有一些非营养素的成分，如各种有机酸、芳香物质和色素等，它们赋予蔬菜水果良好的感官感受，对增加食欲，促进消化与吸收有着重要的意义。

（一）蔬菜的营养价值

蔬菜按其可食部分可以分为叶菜类、根茎类、瓜茄类和鲜豆类。蔬菜的营养素组成和营养价值因种类不同有较大的差异。

第一，碳水化合物。蔬菜所含的碳水化合物包括单糖、双糖、淀粉、纤维素和果胶等。根茎类蔬菜中含有较多的淀粉，含量可达10%～25%，例如马铃薯、山药、慈姑、藕、红薯等，一些有甜味的蔬菜含有少量的简单糖，例如胡萝卜、番茄、红薯等。蔬菜是人体膳食纤维的重要来源，叶类和茎类蔬菜中含有比较多的纤维素与半纤维素，而南瓜、胡萝卜、番茄等则含有一定量的果胶。

第二，矿物质。蔬菜中钙、磷、铁、钾、钠、镁、铜等含量较为丰富，是膳食中矿物质的主要来源，对维持体内酸碱平衡也起着重要的作用。虽然大多数蔬菜中含有比较多的矿物质，但由于这些蔬菜中也含有较高的草酸及膳食纤维，会影响到钙、铁、锌等的消化吸收。一般在食用含草酸较多的蔬菜时可以

先进行焯水将其去除。

第三，维生素。蔬菜中含有丰富的维生素，其中最重要的是维生素C和胡萝卜素。但是维生素A和维生素D在蔬菜中的含量较低。胡萝卜素与蔬菜中的其他色素共存，凡绿色、红色、橙色、紫色蔬菜中都含有胡萝卜素，深色的蔬菜中胡萝卜素的含量较浅色蔬菜更高。

第四，蛋白质、脂肪。蔬菜中除鲜豆类外，蛋白质的含量都很低，约为1%～3%，而且氨基酸的组成不符合人体的需要，因此不是人体食物蛋白质的主要来源。蔬菜中脂肪的含量更低，除鲜豆类外，一般不超过1%。

第五，芳香物质、色素及酶类。蔬菜中含有多种芳香物质，其油状挥发性化合物称为精油。芳香物质赋予食物香味，能刺激食欲，有利于人体的消化吸收。蔬菜中含有多种色素，例如胡萝卜素、叶绿素、花青素、番茄红素等，使得蔬菜的颜色五彩缤纷，对人体的食欲具有一定的调节作用。

另外，一些蔬菜中还含有酶类、杀菌物质和一些具有特殊功能的物质。例如萝卜中含有淀粉酶，生食萝卜能促进消化；大蒜中含有植物杀菌素和含硫的香精油，生食大蒜可以预防肠道传染病。

蔬菜含丰富的维生素，除维生素C外，一般叶部维生素含量比根茎部高，嫩叶比枯叶高，深色菜叶比浅色高，因此在选择时，应注意选择新鲜、色泽深的蔬菜。

（二）水果的营养价值

水果的营养价值与蔬菜有许多相似之处，但也有许多特点。

第一，碳水化合物。水果中的碳水化合物主要是果糖、葡萄糖、蔗糖以及淀粉，纤维素和果胶的含量也较高。但水果的品种很多，不同品种的水果中碳水化合物的种类和含量差距较大，从而形成了水果的不同口味。未成熟的水果内淀粉含量较高，成熟之后淀粉转化为单糖或双糖，甜味增加。因此，水果的风味与成熟度有一定的关系。水果中的膳食纤维主要以果胶类物质为主。山楂、苹果、柑橘等含果胶类物质比较多，具有很强的凝胶性，加适量的糖和酸就可以加工制成果冻和果浆、果酱产品。

第二，维生素与矿物质。新鲜的水果中含有丰富的维生素，特别是维生素C，在鲜枣、柑橘、山楂、草莓、猕猴桃中含量特别高。此外水果特别是鲜枣中含有比较多的生物类黄酮，对维生素C具有保护作用，这也是鲜枣中维生素C含量高的一个重要因素。红黄色的水果中胡萝卜素的含量很高，例如芒果、杏、枇杷、柿子等。此外，水果中也含有丰富的矿物质，例如钙、钾、钠、镁、铜等，属于理想的碱性食物。

第三，色素与有机酸。富含色素是水果的一大特色，它赋予水果各种不同的颜色。使水果呈紫红色的色素是花青素，是水果中的重要色素。水果中的许多色素成分都具有一定的生理功能，如抗氧化的功能等。水果中的酸味与富含有机酸有关，主要的有机酸有苹果酸、柠檬酸和酒石酸等。由于有丰富的有机酸存在，水果多具有酸味，具有增加食欲的作用，同时还具有保护维生素C的作用。

五、其他植物性原料的营养价值分析

（一）坚果类原料的营养价值

坚果是以种仁为食用部分，因外覆木质或革质硬壳，故称坚果。坚果类包括核桃、榛子、杏仁、松子、腰果、白果、栗子、花生、葵花子、西瓜子、南瓜子、莲子等。坚果多富含脂肪和淀粉，是高能量食物。

第一，脂肪。坚果脂肪含量较高，其中松子、白果、榛子、葵花子等含量达50%以上。坚果类当中的脂肪多为不饱和脂肪酸，富含必需脂肪酸，特别富含卵磷脂，具有补脑、健脑的作用。按照脂肪含量的不同，坚果可以分为油脂类坚果和淀粉类坚果，前者富含脂肪多在40%以上，如核桃、榛子、杏仁、松子、腰果、花生、葵花子等。

第二，碳水化合物。淀粉类坚果（栗子、白果、莲子等）淀粉含量高而脂肪含量很少，碳水化合物含量在70%左右。油脂类坚果（松子、腰果、花生、葵花子等）碳水化合物含量只有20%左右。

第三，蛋白质。油脂类坚果蛋白质的含量在13%～35%之间，如西瓜子和南瓜子的蛋白质含量在30%以上。淀粉类坚果的蛋白质含量较低，如栗子仅为5%左右。

第四，维生素和矿物质。坚果类是维生素 E 和 B 族维生素的良好来源。坚果富含钾、镁、磷、钙、铁、锌、硒、铜等矿物质，铁的含量以黑芝麻为最高，硒的含量以腰果为最高，榛子中含有丰富的锰。坚果中锌的含量普遍较高。

坚果类虽为营养佳品，但因大多含有丰富的脂肪，能量很高，不宜大量食用，以免引起消化不良或者肥胖。“肥胖是指人体内脂肪的过量储存。肥胖病是由于长期能量摄入过多，超过机体能量消耗，体内多余能量转化为脂肪，并过度积聚而引起的代谢失衡性疾病。”① 多数坚果可以不经烹饪直接食用，但花生、瓜子等一般经炒熟后食用。坚果仁经常制成煎炸、焙烤食物，可作为日常零食食用，也是制造糖果和糕点的原料，并用于各种烹调食物的加香。植物油多来自芝麻、葵花子、花生等。多数坚果水分含量低，较耐储藏。油脂类坚果的不饱和程度高，易受氧化或滋生霉菌而变质，应当保存于干燥阴凉处并尽量隔绝空气。

（二）菌藻类原料营养价值

菌藻类食物包括食用菌和藻类，食用菌是指供人类食用的真菌，常见的有蘑菇、香菇、银耳、木耳等品种。藻类是无胚、自养、以孢子进行繁殖的低等植物，可供人类食用的有海带、紫菜、发菜等。

菌藻类食物富含蛋白质、膳食纤维、碳水化合物、维生素和微量元素。蛋白质含量以发菜、香菇和蘑菇最为丰富。蛋白质氨基酸的组成比较均衡，必需氨基酸含量占蛋白质总量的 60% 以上，所以用食用菌做汤时，能够水解产生大量的具有鲜美味道的氨基酸，从而提升汤的口味。菌藻类脂肪含量低。碳水化合物含量差别较大，干品在 50% 以上，如蘑菇、香菇、银耳、木耳等；鲜品较低，如金针菇、海带等，不足 7%。胡萝卜素含量差别较大，在紫菜和蘑菇中含量丰富，在其他菌藻中较低。微量元素含量丰富，尤其是铁、锌和硒，其含量约是其他食物的数倍甚至 10 余倍。海藻类食物如海带、紫菜等含有丰富的碘。此外科学研究表明，多数食用菌中含有活性多糖类物质，具有提高人体免疫力、降血脂、降血糖的作用。

① 肖涛，李荣，孙录国．烹饪营养学 [M]．济南：山东人民出版社，2016：133.

六、畜禽类原料的营养价值分析

畜类原料主要指猪、牛、羊等动物的肌肉、内脏及制品，禽类原料包括鸡、鸭、鹅等的肌肉及制品。畜禽类原料的消化吸收率高，饱腹作用强，经过烹调加工可制成口感较好的美味佳肴，因此是我国人民喜食的动物性原料。

第一，蛋白质。畜禽肉中的蛋白质含量一般为10%～20%，因动物的种类、年龄、肥瘦程度及部位而异。其必需氨基酸在种类和比例上接近人体需要，易消化吸收，所以畜禽肉蛋白质营养价值高，为优质蛋白质。但是存在于结缔组织中的蛋白质，主要是胶原蛋白和弹性蛋白，必需氨基酸中的色氨酸、酪氨酸、蛋氨酸含量很少，因此多属于不完全蛋白质。

第二，脂肪。畜禽肉中的脂肪含量因品种、年龄、饲养方法、肥瘦程度及部位不同有较大差异，低者为2%，高者可达89%以上。畜类原料中的脂肪以饱和脂肪酸为主，消化吸收率低，而禽类脂肪则含有较多的亚油酸，易于消化吸收。禽类原料较畜类原料营养价值高，更适合于中老年人食用。野禽脂肪含量低于家禽。

第三，碳水化合物。畜禽肉中的碳水化合物含量极少，一般以游离或结合的形式广泛存在于动物组织或组织液中。畜禽肉中碳水化合物的主要形式为糖原，其主要储存部位为肌肉和肝脏。

第四，矿物质。畜禽肉中矿物质含量为0.8%～1.2%，瘦肉要比脂肪组织含有更多的矿物质。肉是磷、铁的良好来源，在畜禽的肝脏、肾脏、血液、红色肌肉中含有丰富的血红蛋白铁，生物利用率高，是膳食铁的良好来源。畜禽肉中钙主要集中在骨骼中，肌肉组织中钙的含量较低。畜禽肉中的锌、硒、镁等微量元素比较丰富，其他微量元素的含量则与畜禽饲料中的含量有关。

第五，维生素。畜禽肉中维生素较多地集中在肝脏、肾脏等内脏中，以B族维生素、维生素A的含量最为丰富。相比而言，禽肉的维生素含量较畜类高1～6倍，而且含有较多的维生素E。

此外，畜禽肉烹煮时，可以溶解出一些含氮浸出物，是肉汤鲜味的主要成分，包括肌凝蛋白原、肌肽、肌酸、肌酐、嘌呤碱、尿素和氨基酸等。一般而言，动物的年龄越大，其畜禽肉中含氮浸出物的含量越高，制成的肉汤味道更为鲜美。

七、水产类原料的营养价值分析

水产类原料的种类繁多，包括鱼、虾、蟹及部分软体动物，根据其来源又可以分为淡水和海水类水产品。水产类原料是人体蛋白质、矿物质和维生素的良好来源。

第一，蛋白质。鱼虾类肌肉蛋白质含量一般为15%～25%，肌纤维细短，间质蛋白少，水分含量高，组织软而细嫩，较畜禽肉更易消化吸收。鱼虾肉蛋白质属于完全蛋白质，但结缔组织蛋白质营养价值不高，主要是必需氨基酸组成和比例不符合人体需要，例如鱼翅，虽然蛋白质的含量可达80%以上，营养价值却不高。鱼类的外骨骼发达，鱼鳞、软骨中的结缔组织主要是胶原蛋白，是鱼汤冷却后形成凝胶的主要物质。

第二，脂肪。鱼虾类脂肪呈不均匀分布，主要存在于皮下和脏器周围，肉组织中含量甚少。不同鱼种脂肪含量有较大差异。虾类的脂肪含量很低，蟹类的脂肪主要存在于蟹黄中。鱼虾类脂肪多由不饱和脂肪酸组成，约占70%～80%。部分海产鱼（如沙丁鱼、金枪鱼、鲣鱼）含有的长链多不饱和脂肪酸，如二十碳五烯酸（EPA）和二十二碳六烯酸（DHA），具有降低血脂和胆固醇含量、防止动脉粥样硬化的作用。鱼虾类的胆固醇含量不高，但鱼子、虾子胆固醇含量较高。

第三，矿物质。鱼虾类（尤其是海产鱼）矿物质含量较高，其中磷的含量最高，钙、钠、氯、钾、镁含量丰富。鱼虾类钙的含量较畜禽肉高，为钙的良好来源。海产品含碘也很丰富。

第四，维生素。鱼虾类是维生素B2和烟酸的良好来源。海产鱼的肝脏含有极其丰富的维生素A和维生素D，是生产鱼肝油的原料。

八、乳类及乳制品的营养价值分析

乳类指动物的乳汁，包括牛乳、羊乳、马乳等。乳类及乳制品营养丰富，容易消化吸收，是一种营养价值很高的天然食物。

（一）乳类的营养价值

乳类的水分含量约为85%～88%，含有丰富的蛋白质、脂肪、碳水化合物、维生素和矿物质。其营养素组成和含量受动物品种、饲养方法、季节变化、挤奶时间等因素的影响而有一定的区别。

第一，蛋白质。乳类中含有比较丰富的蛋白质，含量为3%～4%。牛乳蛋白质为优质蛋白质，易于消化吸收。牛乳蛋白质的组成与人乳有一定的差别。牛乳酪蛋白的含量高于人乳，对于婴儿来说含量过高，如果以牛乳代替母乳喂养婴儿必须将牛乳稀释3倍左右，以防止消化不良以及过多的蛋白质对婴儿不利。

第二，脂肪。乳类脂肪含量约为3%～4%，脂肪颗粒很小，呈高度乳化状态，吸收率高达97%。此外乳类中还含有少量的卵磷脂及胆固醇。乳类中水溶性挥发性脂肪酸（如丁酸、己酸、辛酸）含量较高，是乳脂肪具有良好风味及易于消化的原因。

第三，碳水化合物。乳类中的碳水化合物主要为乳糖，含量为5%左右。乳糖具有多种功能，可以调节胃酸，促进胃肠蠕动和消化腺分泌，还能促进肠道中乳酸杆菌和双歧杆菌的生长，有利于人体的肠道健康。

第四，矿物质。乳类中矿物质含量为0.7%左右，富含钙、磷、钾等。乳类中的矿物质大部分与有机酸或无机酸结合成盐类，容易消化吸收。牛奶中钙的含量特别丰富，并且吸收率高，是钙的良好来源，但是铁的含量很少。牛奶消化吸收率约为10%，并不是人体铁的最佳食物来源。

第五，维生素。乳类中维生素的含量与许多因素有关，饲料的种类、饲养的方法、日照的时间、乳类加工储存的方法等都会影响乳类中维生素的含量。牛奶中含有人体所需的多种维生素，尤其维生素A和维生素B2含量较高，是其重要来源。

（二）乳制品的营养价值

乳制品，主要包括奶粉、酸奶、炼乳、奶油、奶酪等。

1. 奶粉的营养价值

根据加工处理不同，将奶粉分为全脂奶粉、脱脂奶粉、加糖奶粉和调制奶粉等。

（1）全脂奶粉。鲜奶消毒后，经浓缩除去70%～80%的水分，采用喷雾

干燥法，在热风下脱水干燥而成。全脂奶粉溶解性好，色香味及其他营养成分与鲜奶相比变化不大。

（2）脱脂奶粉。原料奶脱去绝大部分的脂肪，再经浓缩、喷雾干燥而成。脱脂奶粉中脂肪含量约在1.3%左右，脂溶性维生素随着脂肪脱除而发生损失。此种奶粉适合于腹泻的婴儿及要求低脂肪、低能量膳食的人群。

（3）调制奶粉（配方奶粉）。调制奶粉又称为母乳化奶粉，该奶粉是以牛奶为基础，按照母乳组成的模式和特点经过调制而成，各种营养素的含量、种类和比例更加接近母乳。经过调制，提高了牛奶蛋白质的消化率，适合婴幼儿的生长发育，是不能进行母乳喂养或母乳不足的婴儿的首选奶粉。

2. 酸奶的营养价值

酸奶是以新鲜奶、脱脂奶、全脂奶粉、脱脂奶粉或炼乳等为原料经过乳酸菌发酵后制成的奶制品。经过发酵，牛奶中的乳糖变成乳酸，增加了人体对钙、磷、铁的消化吸收率。酸奶制作过程中，乳酸菌还可以产生维生素B1、维生素B2、维生素B12、烟酸和叶酸等维生素；酪蛋白等在乳酸作用下凝固，会产生细小均匀的乳状凝块，易于消化吸收；脂肪发生不同程度的水解，形成独特的风味，深受食用者的喜爱。

3. 炼乳的营养价值

炼乳分为甜炼乳和淡炼乳。淡炼乳又称无糖炼乳，是将牛奶经巴氏消毒和均质后，浓缩到原体积1/3后装罐密封，经加热灭菌制成可保存较长时间的乳制品。淡炼乳经高温灭菌后，维生素B1受到损失，但其他营养价值几乎与鲜奶相同，高温处理后形成的软凝乳块经均质处理脂肪球微细化，有利于消化吸收，所以淡炼乳稀释后适于喂养婴儿。

甜炼乳是用牛奶加入约16%的蔗糖，再经前述方法加工浓缩而成。可以直接作为蘸料与其他原料拌和食用，也可在食用前加入3倍的水稀释饮用。甜炼乳含糖量较高，因此不适合于喂养婴幼儿。

4. 奶油的营养价值

奶油是由牛奶中分离的脂肪制成的产品，天然奶油依含水量高低可分为鲜奶油和脱水奶油。将牛奶用油脂分离器或静置等方法分离出含脂肪成分较多的部分，即为鲜奶油。收集的鲜奶油经发酵（或不发酵）、搅拌、凝集、压制等程序后即成黄色半固体状的脱水奶油，又称白脱油、黄油。牛奶中的维生素A和维生素D等脂溶性维生素基本上保留在黄油中，但是水溶性维生素含量较低。黄油中以饱和脂肪酸为主，并含有一定量的胆固醇。黄油加热后熔化，有明显的乳香味，在西餐中广泛使用。

5. 奶酪的营养价值

奶酪又称为干酪、芝士。奶酪是脱脂后的乳清经凝乳酶凝固并脱去部分水分、发酵并加入各种调味品制成，可用于佐餐和调味。奶酪中的蛋白质、维生素B1和矿物质含量较高。在奶酪制备的过程中，一些蛋白质会分解产生氨基酸、蛋白胨等，容易被人体消化吸收，因而奶酪的蛋白质消化吸收率较高。

九、蛋类及蛋制品的营养价值分析

（一）蛋类的营养价值

蛋由蛋壳、蛋清、蛋黄三部分组成。以鸡蛋为例，每只鸡蛋平均重约50g。蛋黄的营养成分最齐全。蛋壳的主要成分为碳酸钙，颜色由白色到棕色，深浅因鸡的品种而异，与蛋的营养价值无关。

第一，蛋白质。蛋类蛋白质含量平均为13%～15%，而且质量也很高，接近于人体蛋白质的氨基酸组成，生物价非常高。蛋类的蛋白质几乎能被人体完全吸收，是天然食物中最理想的蛋白质。

第二，脂类。蛋类的脂类主要集中在蛋黄，蛋黄除含有脂肪外还含有一定比例的卵磷脂和胆固醇，易被人体消化吸收。

第三，维生素。蛋类中的维生素含量丰富，几乎含有所有种类的维生素，含量最多的是维生素A与维生素B2，绝大部分存在于蛋黄中。

第四，矿物质。蛋类的矿物质含量丰富，尤其是蛋壳中钙含量高。蛋黄及蛋清中铁的含量不低，但由于卵黄高磷蛋白的干扰，降低了铁的消化吸收率，仅为3%。蛋类中各种微量元素的含量与饲料有关，若在饲料中进行微量元素的强化，可以增加蛋类微量元素的含量。

（二）蛋制品的营养价值

蛋制品主要有松花蛋、咸蛋、糟蛋等，这些产品具有独特的风味，在烹饪中经常使用。

蛋制品的营养价值与鲜蛋相似，经过加工，部分蛋白质降解为更易被人体吸收的氨基酸，消化吸收率提高，但B族维生素损失较大。糟蛋在制作时加入了酒精、醋，可使蛋壳中的钙的溶解度增加，其中钙的含量较鲜蛋高40倍。咸蛋的钠盐含量高，高血压和肾病患者不宜多食。

十、加工性烹饪原料的营养价值分析

（一）调味品的营养价值

调味品是指以粮食、蔬菜等为原料，经发酵、腌渍、水解、混合等工艺制成的各种用于烹调调味和食品加工的物质。目前，我国调味品大致可分为发酵类调味品、酱腌菜类、香辛料类、复合类调味品以及盐、糖等。调味品除具有调味价值之外，大多也具有一定的营养价值。

1. 食盐的营养价值

咸味是食物中最基本的味道，而膳食中咸味的主要来源是食盐。食盐根据来源不同分为：海盐、矿盐、井盐和湖盐等。其中海盐占总产量的75%～80%。海盐按加工方法不同又可分为原盐（粗盐）、洗粉盐（加工盐）和精制盐。

食盐的基本成分为氯化钠。其中钠离子可以提供最纯正的咸味，而氯离子为助味剂。此外粗盐中含有少量的氯化钾、氯化镁和氯化钙等化合物，因而有一定的苦味。

氯化钠是维持人体生理功能不可缺少的物质，健康人群每日摄入6g食盐即可完全满足需要，过量摄入有可能会造成高血压等疾病。患有高血压、心脏病、肾脏病的人，应限制食盐的摄入。

为了预防碘缺乏病，我国目前在食盐中加入碘化钾或者碘酸钾来进行碘的强化。由于碘容易挥发，烹调时尽可能在菜肴出锅前加入。

咸味和甜味可以互相抵消。在1%～2%的食盐溶液中添加19%的糖，几乎可以完全抵消咸味。因而在很多感觉到甜咸两味的食品中，食盐的浓度要比感觉到的更高。此外，酸味可以强化咸味，在1%～2%的食盐溶液中添加0.01%的醋酸就可以感觉到咸味更强，因此烹调中加入醋调味可以减少食盐的用量，从而有利于减少钠的摄入。

2. 糖和甜味剂的营养价值

作为烹调原料食用的糖主要包括白糖、冰糖、红糖、饴糖、蜂蜜等，是重要的调味品，特别在一些菜系中使用量还比较大。

白糖（包括白砂糖、绵白糖）、冰糖属于精制糖，几乎不含其他营养素。红糖未经精制，有赤红、红褐、青褐、黄褐等多种颜色，其中蔗糖纯度较低，含有糖蜜及钙、铁、镁等矿物质，易吸水潮解，有一定滋补作用，可用于蒸炖补品。饴糖又称为糖稀、麦芽糖，主要成分为麦芽糖、葡萄糖、糊精等，甜度只有食糖的1/3，主要用于增加菜肴色泽。饴糖的吸湿力强，在糕点中使用可使糕点松软，不发硬。蜂蜜是由蜜蜂采集花蜜酿成，为透明或半透明状的浅黄色黏性液体，带有花香味，回味微酸。蜂蜜除含有呈甜味的葡萄糖、果糖外，还含有多种蛋白质、有机酸、维生素和矿物质。蜂蜜主要用于制作营养滋补品、蜜饯食品及酿造蜜酒，在制作糕点和一些风味菜肴中充当甜味剂。

日常使用的食糖主要成分为蔗糖，是食品中甜味的主要来源。蔗糖可以提供纯正愉悦的甜味，也具有调和百味的作用，为菜肴带来醇厚的味觉，在红烧类菜肴中还具有增色增香的作用。

甜味剂包括木糖醇、山梨醇、甘露醇等糖醇类物质，人体进食后不升高血糖，不引起龋齿，目前已广泛应用于制作糖尿病病人、减肥者食用的甜食。

3. 酱油和酱类调味品的营养价值

酱油和酱是以小麦、大豆及其制品为主要原料，接种曲霉菌种，经发酵酿制而成的调味品。酱油按其制备方法不同分为天然发酵酱油、人工发酵酱油和化学酱油。酱类包括以豆类、面粉、大米为主制成或混合制成的豆酱（大酱）、黄酱、甜面酱、豆瓣酱等。酱油和酱的营养成分与原料有很大关系。酱油和酱在酿造过程中，原料的蛋白质分解成蛋白胨、肽和氨基酸等产物；淀粉分解成麦芽糖、单糖和有机酸等产物，有机酸可以进一步形成酯类，赋予酱油和酱独

有的味道。酱油和酱不但含有多种必需氨基酸，还含有B族维生素、锌、铁、钙等多种矿物质。

目前我国市场上存在多种铁强化酱油，作为补铁的重要来源。

4. 醋类的营养价值

醋是烹调中最常用的调味品之一，按原料可以分为粮食醋和水果醋，按照生产工艺可以分为酿造醋、配制醋和调味醋，按颜色可以分为黑醋和白醋。目前大多数食醋都属于以酿造醋为基础调味制成的复合调味酿造醋。醋中蛋白质、脂肪和碳水化合物的含量都不高，但含有较为丰富的钙和铁。

醋作为调味品不仅有较高的食用价值，而且在疾病防治方面有重要的作用，有助于软化血管、降低血压、降低血胆固醇浓度，预防心血管疾病。

5. 味精和鸡精的营养价值

味精是以粮食为原料经谷氨酸细菌发酵产生出来的天然物质。味精的主要成分是谷氨酸钠，同时含有少量的食盐。味精具有强烈的鲜味，在烹调过程中起到增味的作用。使用味精时要注意不能过量使用，应在菜肴临出锅前加入，以免加热过程中变成焦谷氨酸钠，失去鲜味，并且还具有一定的毒性。

目前市场上销售的鸡精等复合鲜味调味品中含有味精、鲜味核苷酸、糖、盐、肉类提取物、蛋类提取物、香辛料和淀粉等成分，调味后能赋予食品以复杂而自然的美味，增加食品鲜味的浓厚感和饱满度。

（二）食用油脂的营养价值

食用油脂的种类很多，根据来源分为植物油脂和动物油脂两大类。常见的植物油脂包括花生油、大豆油、玉米油、棉籽油等；动物油脂包括猪油、牛油、羊油、鸡油等。油脂是膳食的重要组成部分，是能量的重要来源，可为人体提供必需脂肪酸，并提供一定量的脂溶性维生素。

天然的食用油脂是由多种物质组成的混合物，其中最主要的成分是脂肪（又称甘油酯）。目前大多食用精炼油，其脂肪含量均在99%以上，植物油精制后含脂肪100%，还含有脂溶性的胡萝卜素和核黄素。粗制油含有少量非甘油酯类化合物，如磷脂、甾醇、蜡、黏蛋白、色素及维生素等，对于食用油脂的质量影响较大。

油脂经高温加热后，脂肪酸、维生素A、维生素E等均受到破坏。尤其是反复加热的油脂中由于生成了大量的聚合物，不但不易被人体消化，而且还会产生毒害作用。烹调过程中油炸超过三遍的油脂必须要丢弃掉。

（三）饮料的营养价值

1. 酒精饮料的营养价值

酒精饮料根据原料的不同可分为粮食酒、果酒，根据制造方法分为蒸馏酒、发酵酒和配制酒，根据酒精含量不同又分为高度酒和低度酒等。

（1）酿造酒。酿造酒是在含糖丰富的原料（水果或谷类）中加入酵母发酵，再经过压榨、澄清、过滤而成的酒精饮料，包括啤酒、葡萄酒、黄酒等。酿造酒酒精含量低，含有多种氨基酸、微量脂类和糖类物质、B族维生素和微量元素等，具有促进血液循环、软化血管等药用价值。

（2）蒸馏酒。蒸馏酒是利用谷类、果实等原料经过发酵、蒸馏而成的产品。其酒精含量很高，蒸馏酒还有部分与风味有关的醇类、醛类、酯类等物质。蒸馏酒中的甲醇、醛类等对人体神经系统、肝脏和心脏等有损坏作用，所以不可过度饮用。

2. 软饮料（非酒精饮料）的营养价值

软饮料中的纯净水、太空水、白开水、苏打水等，是良好的补水剂。矿泉水中还含有人体需要的微量元素，如锶、锂、偏硅酸、溴、锌等，可补充人体易缺乏而又不易获得的微量元素，对健康有益。

茶饮料是我国人民最早饮用的一种饮料，含有的多酚类物质、生物碱等具有保健功能。茶叶中的生物碱主要指咖啡碱，是一种温和的兴奋剂，容易失眠的人睡前不宜饮浓茶。此外，咖啡碱能促进胃酸分泌，增加胃酸的浓度，溃疡病人饮茶会加重病情。营养不良的人也不宜多饮茶，因为茶饮料中含有茶碱和鞣酸，会影响人体对于铁、钙等的吸收，缺铁性贫血患者尤其不宜。

碳酸型饮料充入了二氧化碳，清凉感突出，可增进食欲，促进消化。饮料配方中加入了大量的糖、香料、食品添加剂，除了提供热量外，营养价值不高。

纯果汁或蔬菜汁由天然的果蔬榨汁加工而成，含有较丰富的维生素、矿物质和纤维素等，营养价值高。

果汁型饮料由于加入了原果汁，含有一定的糖类、少量的蛋白质、维生素、矿物质，营养价值较高。

花生、大豆和含乳饮料的蛋白质含量较高，可作为蛋白质来源的补充。

（四）其他加工性原料的营养价值

1. 罐头类食品的营养价值

罐头类食品是指经过一定处理的、密封在容器中并经杀菌在室温下能够较长时间保存的食品。各种食物均可加工成罐头，常见的有肉类罐头、水产类罐头、果蔬类罐头等。

罐头类食品由于经过了高温高压的加工过程，各种营养素均有不同程度的损失。水果类罐头制作时一般要添加一定量的精制糖，能量值较高。肉类、水产类罐头制作往往要添加盐进行调味，一般都属于高盐食物。

2. 速冻食品的营养价值

速冻食品是指在 -25℃以下条件速冻，并在 -20℃～ -15℃条件下储存的食品，例如速冻水产品、速冻水饺等。

速冻食品的制作因为快速低温冷冻处理，营养素破坏较少，基本保持原风味，其营养价值基本与原料食物相同。但是如果解冻方法不当，食物原料会形成冰晶状体，破坏动植物细胞，从而导致细胞内营养素流出而损失。因此，必须要缓慢解冻，以减少营养素的流失。

第二节　特殊人群的烹饪营养分析

在我们的周围，存在着各种各样的人，他们由于处于特定的生理阶段，在生理状况上存在着一定的差异，在营养需要和膳食供应方面有着特殊的要求，以适应自身健康的需要。

一、孕妇营养

妊娠期分为孕早期、孕中期、孕晚期 3 个阶段。孕早期指受孕后的前 3 个月，营养素需要量增加不大；孕中期即受孕 4 ～ 6 个月，胎儿的生长较快，对营养素的需要量增大；孕后期即受孕 7 ～ 8 个月，胎儿的生长迅速，需要大量的营养素。

如果妊娠期孕妇出现营养不良的状况会对胎儿造成不良影响，具体如下：

第一，低出生体重。低出生体重是指新生儿出生体重小于 2500g。低出生体重的影响因素较多，与营养有关的主要有：孕妇体重低；孕妇血浆总蛋白与白蛋白低；孕妇维生素 A、叶酸缺乏；孕妇贫血；孕妇大量饮酒等。低出生体重新生儿与成年后高血压、糖耐量异常等疾病的发生率有关。低出生体重新生儿成年后冠心病的发病率较高。

第二，早产儿。早产即未满 37 周分娩，也是新生儿低出生体重的原因之一。发达国家约 2/3 低出生体重新生儿的患病率和病死率都较高。孕期营养不良是造成早产儿的重要原因，尤其是能量、蛋白质摄取不足。

第三，新生儿病死率增高（其中低体重儿占 70%）。

第四，脑发育受损。孕期蛋白质和能量供给不足，可能会导致胎儿脑发育受损。

第五，胎儿先天缺陷和畸形。与先天畸形有关的营养因素有：①孕妇营养素缺乏或过多，如锌、叶酸缺乏，维生素 A 过多。叶酸缺乏主要和神经管畸形有关，而维生素 A 过多可致神经系统畸形、心血管畸形和面部异常。②早期血糖升高，例如患糖尿病的孕妇，若血糖控制不好，其胎儿发生先天性畸形的危险性上升 4 ～ 10 倍。③孕妇酗酒。

（一）孕妇的生理特点

第一，代谢的升高。主要是合成代谢增强。妊娠有两方面的合成代谢：一方面是身体合成一个完整的胎儿；另一方面是母体代谢上的适应以及生殖系统的进一步发育。

第二，消化系统的状况和功能改变。妊娠期由于激素与代谢的改变，往往会出现恶心、食欲减退、消化不良等现象。后又因为子宫增大而影响肠道的蠕动，往往会引起便秘。

第三，机体器官的负荷增大。如肾的负荷较大，心脏、肺、肝脏等的负荷

也增大。

（二）孕妇的营养需要

1. 孕妇的能量需要

孕期的能量消耗包括婴儿的生长和母体相关组织的增长，孕早期，孕妇的基础代谢并无明显增高，能量的增加并不明显，因此孕早期的能量摄入量与非孕妇女相同。第 4 个月后，各种营养素和能量的需要增加，建议孕中、孕后期在非孕妇女能量推荐摄入量基础上每日增加 836KJ（200kcal）。此外，保证适宜能量摄入的最佳方法是控制孕期体重的增长，孕期孕妇体重增加约 12.5kg 比较合适。

2. 孕妇的蛋白质需要

妊娠期间，胎儿、胎盘、羊水及母体的组织生长发育需要蛋白质，孕早期蛋白质推荐在非孕基础上摄入量增加 5g；孕中期，蛋白质推荐在非孕基础上摄入量增加 15g；孕后期，蛋白质推荐在非孕基础上摄入量增加 20g。对于此外，孕妇膳食中优质蛋白质宜占蛋白质总量的 1/2 以上。

3. 孕妇的脂肪需要

妊娠过程中，胎儿的脑细胞增殖、发育需要一定量的必需脂肪酸。脑和视网膜中主要的多不饱和脂肪酸为花生四烯酸和二十二碳六烯酸，要由膳食中的亚油酸和 α－亚麻酸转化而来。孕妇膳食中应有适量脂肪以保证胎儿和自身的需要，一般认为脂肪提供的能量以占总能量的 25%～ 30%为宜。

4. 孕妇的矿物质需要

（1）钙。妊娠期间钙吸收率增加，如果钙供应不足，会影响孕妇的骨密度。我国孕妇缺钙的现象比较普遍，通常在受孕 5 个月左右开始发生小腿抽搐，可能与血钙降低有关。建议孕早期钙的适宜摄入量为 800mg/d，孕中期为 1000mg/d，孕后期为 1200mg/d，可耐受最高摄入量为 2000mg/d。因此，孕妇应增加含钙丰富的食物，膳食中摄入不足时可以适当补充钙制剂。

（2）铁。孕早期的铁缺乏与早产和低出生体重有关。孕妇应注意补充铁，同时注意维生素 C 和叶酸的补充，促进铁的吸收。由于我国膳食中相当一部分铁来源于蔬菜、豆类、蛋类等非血红素铁食物，铁的生物利用率较低，所以孕妇应注意补充一定量的动物肝脏、血液、瘦肉等含有血红蛋白铁的食物。尤其在妊娠最后20周，通过食物或铁剂补铁更为重要。建议铁的适宜摄入量为孕早期15mg/d，孕中期25mg/d，孕后期35mg/d，可耐受最高摄入量为60mg/d。

（3）锌。锌可促进胎儿的生长发育，预防先天性畸形。建议孕妇每日锌的推荐摄入量孕早期为11.5mg/d，孕中期和孕后期为16.5mg/d。锌最好来自动物肉类。

（4）碘。碘缺乏可造成母体甲状腺功能减退，降低母体的新陈代谢，因此减少了胎儿的营养，严重者可导致胎儿大脑损伤，引起不可逆的克汀病以及智力低下、生长迟缓和聋哑等症状，因此，孕妇应增加膳食中碘的摄入量。建议孕妇碘的推荐摄入量为200ug/d，可耐受最高摄入量问为1000ug/d，最好由海产品供给，如海带、紫菜等。

5.孕妇的维生素需要

（1）维生素A。孕妇缺乏维生素A与胎儿宫内发育迟缓、低出生体重及早产有关。但孕早期增加维生素A摄入应注意不要过量，因为大剂量维生素A可能导致自发性流产和胎儿先天畸形。相同剂量的类胡萝卜素却无此不良作用，而类胡萝卜素在人体内可以转化成维生素A。世界卫生组织建议孕妇通过摄取富含胡萝卜素的食物来补充维生素A。

（2）维生素D。维生素D对调节母体和胎儿钙磷代谢有重要作用，缺乏维生素D可致婴儿佝偻病和孕妇骨软化症。妊娠期对维生素D的需要量增加，除多晒太阳外，还应补充富含维生素D的食物。

（3）维生素B1和B2。由于维生素B1和维生素B2主要与能量代谢有关，孕妇能量的需要量增加，则维生素B1和维生素B2的需要量也增加。维生素B1还与食欲、肠蠕动和乳汁分泌有关，故应供给足够量的维生素B1和维生素B2。维生素B1缺乏时，孕妇易发生便秘、呕吐、肌肉无力、分娩困难等症状。

（4）维生素C。胎儿生长需要大量的维生素C，维生素C对母体和胎儿都十分重要。建议孕妇中后期维生素C的摄入量为130mg/d，较平时增加30mg/d。孕妇应保证新鲜蔬菜和水果的供应。

（5）叶酸。叶酸摄入不足，对妊娠结果的影响包括出生体重、神经管畸形等，孕妇易患巨幼红细胞贫血。因此孕期妇女应多摄入富含叶酸的食物，我国叶酸推荐量为600ug/d。但由于食物叶酸的利用率不高，可适当提高摄入量。建议妇女在孕前1个月和孕早期每天补充叶酸400ug，可有效预防大多数神经管畸形的发生。

（三）孕妇的合理膳食

孕妇的合理膳食一方面要达到孕妇营养的供给与需求之间的平衡，在数量和质量上满足妊娠不同时期对营养的特殊需要；另一方面，要注意平衡各种营养素，避免由于膳食构成比例失调而产生的不良影响。此外，还要考虑孕妇膳食中的食物应该易于消化吸收，并能促进食欲，防止食物中营养素的损失和有害物质的形成，以保证孕妇的健康和胎儿的正常发育。由于孕早、中、后期的营养素需要量不同，各期的膳食也应有所不同。

第一，孕早期膳食。孕早期胎儿很小，生长缓慢，每日平均增重仅1克，此时孕妇的营养素需要量与孕前大致相同。但大部分孕妇常出现早孕反应，例如恶心、呕吐、食欲不振等症状，膳食应该以清淡、易消化为原则，避免油腻食物。并且食物的色、香、味要符合孕妇的口味，在食物的烹调上多采用酸味或凉拌菜，以增进食欲，在此期间应该多吃蔬菜、水果调节口味和促进消化。尽量选择含优质蛋白质的食物如奶类、蛋类、鱼类和禽类。同时也应重视粮谷类食物的摄入，如果碳水化合物摄入太少可能造成孕妇酮体蓄积对胎儿大脑发育造成不良影响。

第二，孕中期膳食。孕中期时早孕反应一般已经结束，胎儿生长加快，孕妇平均每日增加体重10克。母体也开始在体内储备蛋白质、脂肪、钙、铁等多种营养素，以备分娩和哺乳期的需要。同时孕妇贫血和缺钙的现象增多，对能量和各种营养素的需要也增加，因此要注意平衡膳食。膳食中应该多选择动物肝脏或血，以增加铁的摄入量，同时要多食用富含高维生素C的食物，促进铁的吸收。孕中期孕妇食欲大都好转，食物的品种和数量都应增加以保证摄入足够的能量和营养素。每日的膳食组成可包括杂谷类400～500g；豆类及其制品50g；肉、禽、蛋、鱼100～150g，可交替选用；经常摄入动物肝脏和动物血，每周 1 ～ 2 次，每次 50 ～ 100g；蔬菜水果 500g，其中深色蔬菜最好占一半以上；牛奶 250ml。除大米、面粉外，还要选择一些杂粮如小米、玉米、麦片等，因为杂粮中 B 族维生素及膳食纤维含量较丰富。此外可经常食用虾皮、海带、紫菜等含钙量丰富的食品。

第三，孕后期膳食。妊娠最后 3 个月胎儿生长最快，胎儿的体重有一半是在这个时期增加的，同时胎儿体内也需要储存一定量的钙、铁和脂肪等营养物质以备出生后利用，母体也要储存大量的营养素为分娩哺乳做准备。孕后期的膳食要增加优质蛋白、钙、铁的摄入量，每日的膳食组成中粮谷类仍为 400 ～ 500g；肉、禽、蛋、鱼增至 150 ～ 200g；每周 2 次食用动物肝脏或动物血；牛乳增至 500ml；其他与孕中期相同。有水肿的孕妇要控制食盐的摄入量。

二、乳母营养

分娩后数小时至 2 ～ 3 年、凡为婴儿哺乳的妇女均称为乳母。乳母的营养状况不仅与其产后身体恢复有关，还将通过乳汁质和量的变化影响婴儿的生长。重视乳母的合理营养，既有利于促进母亲本人的健康，也有利于促进婴儿的健康成长。

（一）乳母的生理特点

乳母要分泌乳汁，哺育婴儿，还要补偿由于妊娠、分娩所消耗的营养储备，所以乳母所需要的能量及营养素多于一般妇女，甚至孕妇。

当乳母的各种营养素摄入量不足的情况下，乳汁的分泌量会下降。一开始泌乳量下降可能不明显，但已存在母体内营养的不平衡，最常见的是乳母体重减轻，甚至可能出现明显的营养不良症状。

（二）乳母的营养需要

乳母的营养需要包括为泌乳提供物质基础和正常泌乳的条件，以及恢复或维持母体健康的需要两方面。

1. 乳母的能量需要

乳母为满足泌乳本身需要消耗的能量及乳汁本身所含的能量，对能量的需要量增加。产后一个月内由于乳汁分泌每日约 500ml，所以乳母的膳食能

量适当供给即可，至3个月后每日泌乳量增加到750～850ml，对能量的需求显著增高。建议乳母能量推荐摄入量为在非孕成年妇女的基础上每日增加500kcal，蛋白质、脂肪、碳水化合物的供能比例分别为13％～15％、20％～30％、55％～65％。

2.乳母的蛋白质需要

乳母摄入适量的蛋白质对维持婴儿的生长发育、免疫和行为功能十分重要。蛋白质摄入不足或质量不高，不仅会影响泌乳量，而且会影响乳汁蛋白质质量。为满足婴儿营养需要，加上母体复原和母体本身也需要某些额外补充，建议乳母每日应在非孕基础上增加20g蛋白质，达到每日85g，其中一部分为优质蛋白质。鸡、猪肉、排骨和鱼类煮的汤具有一定的催乳作用。

3.乳母的脂肪需要

乳汁中脂肪的含量在一天当中有所变化，每次哺乳结束前脂肪含量升高，可以促进婴儿入睡，保证婴儿的生理睡眠需求。由于婴儿中枢神经系统发育及脂溶性维生素吸收等的需要，乳母膳食中必须有适量脂肪，尤其是多不饱和脂肪酸。

4.乳母的矿物质需要

（1）钙。由于婴儿生长发育的需要，需要通过乳汁获得大量的钙。当乳母饮食钙摄入不足时，不会影响乳汁中钙的含量，而会通过动用母体骨骼中的钙来维持，这样必然会影响母体的健康。因此哺乳期应增加钙的供给量。但补钙量应有一定的限度，过高钙的摄入会增加肾结石的危险性及引起奶碱综合征。建议乳母钙的推荐摄入量为1200mg/d，可耐受最高摄入量为2000mg/d。

（2）铁。乳汁中铁的含量很低，通常为0.5mg/d，哺乳期经乳汁损失的铁每天约为0.3mg。乳母铁的推荐摄入量为25mg/d。虽然乳汁中铁比较少，但是乳母膳食中仍应该增加富含铁的食物，以满足母亲自身的需要。

（3）锌。哺乳期婴儿每天从乳汁中摄取1.45mg的锌，如果按饮食锌的吸收率20％计算，乳母至少需要增加摄入量7.25mg/d。同时，妇女分娩后要恢复孕前状态及储备等，锌需要增加40％，乳母锌的每日需要量额外增加10mg。

（4）碘。乳母每天可因哺乳而丢失至少30ug碘，且碘损失量随着婴儿的生长和泌乳量的增加而增加，因此在哺乳期应增加碘的供给量，建议乳母碘的推荐摄入量为200ug/d。

5.乳母的维生素需要

为满足婴儿生长发育的需要，乳母饮食中各种维生素都应增加。维生素A、维生素B1可以通过乳腺进入乳汁，增加其摄入量时，乳汁中的含量也会有一定程度的增加。维生素C、维生素B2、维生素B6的情况与维生素A、维生素B1类似。乳母中维生素D的水平很低，乳母无须额外补充维生素D。

6.乳母的水分需要

泌乳需要大量的水分，水分不足，会影响乳汁分泌量。除喝饮料外，在每天的食物中，应增加肉汤、骨头汤和粥等含水较多的食物以供给水分，建议乳母每日应从食物以及饮水中比成年人多摄入约1L水。

（三）乳母的合理膳食

乳母每天分泌乳汁喂养孩子，当营养供应不足时，即会分解本身的组织来满足婴儿对乳汁的需要，所以为了保护母亲身体健康和分泌乳汁的需要，必须供给乳母充足的营养。乳母膳食要求食物种类多样，数量足够，具有较高的营养价值。

第一，保证供给充足的能量。乳母每天分泌600～800ml的乳汁来哺育婴儿，当营养供给不足时，即会消耗本身的组织来满足婴儿的需要，因此必须供给乳母充足的营养素。我国推荐膳食营养素供给量建议乳母能量每日增加500kcal。

第二，增加鱼、肉、蛋、奶、海产品的摄入。动物性食物如鱼、禽、蛋、瘦肉等提供的优质蛋白应占总蛋白的1/2以上。如果摄入动物性食物有困难时，可多食用大豆类食品来补充优质蛋白。为预防或纠正缺铁性贫血，也应多摄入些动物肝脏、动物血液、瘦肉等含铁丰富的食物。钙的最好来源为牛奶，应保证乳母牛奶的摄入量。此外，乳母还应多吃些海产品，海鱼脂肪富含二十二碳六烯酸，牡蛎富含锌，海带、紫菜富含碘，对婴儿的生长发育有益。

第三，供给充足的新鲜水果和蔬菜。膳食中要有足够新鲜的水果和蔬菜，保证维生素、矿物质及部分水的供给。

第四，多喝汤水，促进乳汁的分泌。乳母应多摄取带汤的炖菜，例如鸡汤、鸭汤、排骨汤、鲫鱼汤、猪蹄汤等，这些汤滋味鲜美，可供给足够的水分，促进泌乳。条件较差的地区也可用鸡蛋汤、豆腐汤等。炖汤时，可在汤中加几滴醋，有利于钙的溶出。

第五，忌烟酒，避免喝浓茶和咖啡。乳母吸烟（包括间接吸烟）、饮酒对婴儿健康有害，喝浓茶、咖啡也可能通过乳汁影响婴儿的健康。因此，为了婴儿的健康，哺乳期应继续忌烟酒，避免饮用浓茶和咖啡。

第六，科学活动和锻炼，保持健康体重。大多数妇女生育后，体重都会较孕前有不同程度的增加。有的妇女分娩后体重居高不下，导致生育性肥胖。研究表明孕期体重过度增加及产后不能成功减重，是导致女性肥胖发生的重要原因。因此，哺乳期妇女除应注意合理饮食外，还应适当运动及做产后健身操，这样可促进产妇身体复原，保持健康体重，同时减少产后并发症的发生。坚持母乳喂养有利于减轻体重，而哺乳期妇女进行一定强度的、规律的身体活动和锻炼，也不会影响母乳喂养效果。

建议乳母每日的膳食烹调方法应多用炖、煮、炒，少用煎和炸。每日正常三餐之外，可适当加餐 2 ～ 3 次，以利于机体对营养素的吸收利用。由于乳汁分泌与乳母的饮水量有关，餐间还要多饮水或牛奶、豆浆等饮料。辛辣食品、酒等刺激性强的食品则应避免使用。

三、婴幼儿营养

（一）婴幼儿生长发育的特点

婴儿期是指从出生到满 1 周岁前。婴儿期是从完全依赖母乳到依赖母乳外食物的过渡期，是人类生命生长发育的第一个高峰期。婴儿每天摄入一定量的营养素除需供给体内能量消耗和组织细胞更新外，还要提供生长发育所需的全部营养，所以婴儿营养需要相对成年人较高。但婴儿期消化器官尚未发育成熟，消化功能较差，因而婴幼儿的膳食不同于成年人，有一定的特殊要求。

幼儿期是指从 1 周岁到满 3 周岁。这个时期的生长发育不及婴儿期迅速，但与成年人相比也非常旺盛。幼儿牙齿少、咀嚼能力较差，胃肠道的消化能力也极其有限。断乳后的幼儿要依靠自己还未发育成熟的消化器官来获得营养，这就要求幼儿不能过早地进食一般家庭膳食，而是要逐渐地从以母乳为主向以谷类为主过渡。

（二）婴幼儿的营养需要

1. 婴幼儿的能量需要

婴幼儿的合成代谢旺盛，能量的相对需要量较高，这是婴儿能量需要的特点。膳食能量长期供给不足，可使婴幼儿生长发育迟缓或停滞；而能量供给过多，超过正常需要时又会引起婴幼儿肥胖。通常按照婴幼儿的生长发育状况可判断能量的供给量是否适宜。

2. 婴幼儿的蛋白质需要

婴幼儿期约有一半的膳食蛋白质被用于满足生长发育的需要。膳食蛋白质供给不足时，婴幼儿会表现出生长发育迟缓或停滞、抵抗力下降、消瘦、腹泻和水肿等。此外因为婴幼儿的消化器官尚未发育完全，过高的蛋白质摄入也会对机体产生不利影响，常会引起便秘、胃肠疾病等现象。在喂养大于 6 个月的婴幼儿时尤其应注意膳食蛋白质的质量，如在米、面等食物中适当加入奶类、蛋类或豆类，可通过蛋白质的互补作用提高膳食蛋白质的营养价值。

3. 婴幼儿的脂肪需要

脂肪是婴幼儿能量和必需脂肪酸的来源，也是脂溶性维生素的载体。建议婴儿在断奶后应通过适当的辅助食品摄入与母乳中含量相当的必需脂肪酸以及多不饱和脂肪酸，直至 2 岁为止。6 个月以下婴儿脂肪的供能比例为 45%～50%，6～12 个月的婴儿脂肪供能比例为 35%～40%，以后逐渐降低至 25%～30%。

4. 婴幼儿的碳水化合物需要

碳水化合物的主要作用是供给能量，但碳水化合物摄入过多时会在肠道发酵产酸，刺激肠道蠕动会引起腹泻。婴儿 2～3 个月内由于缺乏淀粉酶，对淀粉类食物不能消化，所以米、面等淀粉类食物应在 3～4 个月后开始添加。此外不宜让婴幼儿养成吃糖或甜食的习惯，否则会导致龋齿的发生。

5. 婴幼儿的水分需要

婴幼儿需水多，但对水的调节能力较差，易缺水、脱水，所以应予以适当

的补水。

6. 婴幼儿的矿物质需要

（1）钙和磷。婴幼儿骨骼生长和牙齿钙化都需要大量的钙和磷。除乳汁可提供钙磷以外，还可以补充一定的钙剂。钙的膳食适宜摄入量6个月为400mg/d，1～3岁为600mg/d，并注意维生素D的营养状况。

（2）铁。母乳中铁的含量较低，胎儿在肝脏内储留了大量的铁，可供出生后4个月内使用，在4个月后就应该添加含铁的食物，否则可能出现缺铁性贫血。给婴儿每日喂蛋黄、肝泥，可补充铁。我国每日膳食中半岁以上婴儿铁的推荐摄入量为10mg/d。

7. 婴幼儿的维生素需要

（1）维生素A和维生素D。维生素D可调节钙磷代谢，缺乏时会发生佝偻病。维生素A和维生素D摄入过多会引起中毒，建议婴幼儿维生素A推荐摄入量为400μg/d，维生素D则为10μg/d。

（2）维生素C。婴幼儿体内维生素C易受母乳的影响，人工喂养则需要额外补充，婴儿出生后两周便可开始补充，可食用菜汤、橘子水、番茄汁和其他水果、蔬菜等。建议维生素C每日膳食推荐摄入量1岁以下婴儿50mg/d，1岁以上为60mg/d。

（三）婴儿喂养

婴儿喂养可以分为三种方式：母乳喂养、人工喂养和混合喂养。

1. 婴儿的母乳喂养

母乳是4～6个月以内婴儿最适宜、最良好的天然食物。母乳可分为初乳（出生后5～7天内）、过渡乳（7～15天）、成熟乳（15天以后分泌的乳汁）。初乳富含抗体蛋白，对于预防婴儿消化道和呼吸道感染具有积极的意义。母乳喂养能够有效降低婴儿多种疾病的发病率和病死率，有利于增进母子之间的感情。母乳喂养既经济方便又不易引起婴儿过敏。

2. 婴儿的混合喂养及人工喂养

混合喂养是指母乳不足时添加其他代乳品喂养婴儿的方法，如果全部用代乳品喂养则称为人工喂养。

（1）常用代乳品。

第一，配方奶粉。绝大多数的婴儿配方奶粉是在牛奶的基础上，降低蛋白质的总量，调整蛋白质的构成以满足婴儿的需要。

第二，鲜牛奶。鲜牛奶是比较常用的母乳代乳品。牛奶营养成分与母乳有较大差异，因此需要适当配制后才能适合给婴儿食用。

第三，豆制代乳粉。豆制代乳粉是以大豆为主体蛋白的代乳制品，其特点是不含乳糖，适用于对牛奶过敏或乳糖酶活性低下的婴儿食用。

（2）婴儿辅助食品。虽然母乳是婴儿最佳的天然食物，但是随着婴儿的生长发育，单纯的母乳喂养逐渐不能满足婴儿对能量和各种营养素的需求，必须添加适当的辅食。

通常情况下，婴儿从 4 ～ 6 个月应逐步添加辅助食品，至 8 ～ 12 个月完全取代母乳较为适宜。添加辅助食物应从一种到多种，由少到多，先液体后固体，逐步适应。婴儿辅助食品一般可分为四类，包括：①淀粉类辅食（包括米粉、饼干、馒头、面包干、粥和烂面等）；②蛋白质类辅食（包括蛋类、鱼类、肝脏、豆浆和豆腐等）；③维生素、矿物质类辅食（主要是新鲜蔬菜和水果，它们含有丰富的胡萝卜素、维生素 C，多种矿物质以及膳食纤维）；④能量类辅食（主要是植物油和糖，用来补充能量）。

（四）幼儿的合理膳食

第一，营养齐全、搭配合理。蛋白质、脂肪、碳水化合物都应涉及，幼儿每日膳食中应有一定量的牛奶、瘦肉、禽类、鱼类、大豆及其制品等蛋白质营养价值高的食物，动物蛋白（或加豆类）应占膳食中蛋白质总量的 1/2 以上。应注意膳食多样化，从而发挥出各类食物营养成分的互补作用。

第二，合理加工与烹调。幼儿的食物质地应细、软、碎、烂，避免刺激性强、质硬和油腻的食物。食物烹调时还应具有较好的色、香、味、形，并经常更换烹调方法，以刺激幼儿胃酸的分泌，促进食欲。

第三，合理安排进餐。幼儿的胃容量相对较小并且肝储备的糖原不多，加上幼儿活泼好动，容易饥饿，故幼儿每天进餐的次数要相应增加。在 1 ～ 2 岁

每天可进餐 5 ～ 6 次，2 ～ 3 岁时可进餐 4 ～ 5 次，每餐间相隔 3 ～ 3.5h。一般可安排早、中、晚三餐，午点和晚点两次加餐。

第四，营造幽静和舒适的进餐环境。环境嘈杂尤其是吃饭时看电视，会转移幼儿的注意力，并使其情绪兴奋或紧张，从而扼制食物中枢，影响食欲与消化。另外，在就餐时或就餐前不应责备或打骂幼儿，发怒时，消化液分泌减少降低食欲。进餐时，应有固定的场所，并有适于幼儿身体特点的桌椅和餐具。

第五，注意饮食卫生。幼儿抵抗力差，容易感染疾病。因此，幼儿的饮食卫生应特别注意。餐前、便后要洗手，不吃不洁的食物，少吃生冷的食物，瓜果应洗净再吃，动物性食品应彻底煮熟煮透。从小培养幼儿良好的卫生习惯。

第六，纯糖和纯油脂食物不宜多吃。巧克力、糖果、含糖饮料、冰淇淋等摄入过多是幼儿食欲下降的一个重要原因，特别在餐前要禁食，食糖过多还容易引起龋齿。

第七，鼓励幼儿多做户外活动，合理安排零食，每天足量饮水。适量的运动对幼儿的体能、智能的锻炼培养和维持能量平衡是有利的。同时，还能促进幼儿身体中维生素 D 的合成。正确选择零食种类和数量应以有利于能量补充、又不影响正餐的食欲和食量为原则。每天足量饮水，最好是饮用白开水，保证身体需要。

四、学龄前儿童营养

儿童包括学龄前儿童和学龄儿童阶段。学龄前阶段指 3 ～ 6 岁，学龄阶段指 6 ～ 12 岁。

（一）学龄前儿童的生理特点

虽然学龄前儿童的生长发育速度不如婴幼儿，但是仍然旺盛。随着身体的增长，学龄前儿童的活动量及活动范围也快速扩展，能量消耗以及营养素的需求相对比成年人高。此外学龄前儿童的胃液酸度较成年人低，消化能力较成年人差，胃的容量不大，胃壁又薄，容易发生消化不良。合理的营养与平衡膳食不仅直接影响学龄前儿童正常的生长发育，而且将为其终身健康打下良好的基础。

（二）学龄前儿童的营养需要

1. 学龄前儿童的能量需要

学龄前儿童对能量的需要相对较成年人高，因为儿童的基础代谢旺盛，要维持生长与发育，另外儿童还好动。学龄前儿童的能量供应必须充足。如果能量供给不足，可能导致生长发育迟缓、消瘦、抵抗力差等状况。但是能量又不能供应过多，否则容易导致肥胖。在考虑学龄前儿童的能量需要时，需要考虑到年龄、活动量、生长发育开始的时间以及速度等多方面因素，以便准确把握适当的膳食构成。

2. 学龄前儿童的蛋白质需要

学龄前儿童生长发育对蛋白质的需求量较多，并要求优质蛋白质的供给量要达到一半以上。建议儿童蛋白质所提供的能量占总能量的13%～15%较为合适。

3. 学龄前儿童的矿物质需要

儿童骨骼的生长发育需大量的钙、磷、铁，其他如碘、锌、铜等微量元素也必须足量摄入。建议4岁以上儿童钙的适宜摄入量为800mg/d，铁的适宜摄入量为12mg/d。由于我国膳食中钙主要来自于蔬菜和豆制品，而且血红素铁也比较少，应特别提倡儿童多摄取牛奶和奶制品，并摄入肝脏、瘦肉或含铁的强化食品来满足其对钙和铁的需要。

4. 学龄前儿童的维生素需要

维生素B1、维生素B2需要量与能量有关，学龄前儿童对能量的需要较多，所以对这三种维生素的需要量也需相应增加。我国膳食中，维生素A、维生素D摄取量偏低，必要时可适当补给鱼肝油。

（三）学龄前儿童的合理膳食

第一，食物多样，注重搭配。学龄前儿童的膳食组成应多样化，以满足学龄前儿童对各种营养素的需要。富含蛋白质的食物如鱼、禽、蛋、肉应该丰富，奶类及豆类应该充足，注意食物品种的选择和变换，如荤菜素菜的合理搭配，粗粮细粮的交替使用。

第二，烹调方法要适当。学龄前儿童的咀嚼和消化能力较成年人低，食物应该细嫩、软熟、味道清淡，避免刺激性太强的食物。同时采用适当的烹调方法，使得食物的色、香、味、形能引起儿童的兴趣，以促进食欲。

第三，培养良好的饮食习惯。不挑食、不偏食或暴食暴饮，定时、定量进食，细嚼慢咽，不乱吃零食。

第四，适当加餐。学龄前儿童活泼好动，体内糖原储备又有限，所以每天可加餐两次。建议学龄前儿童每日的膳食组成为：米饭或面食 125 ～ 250g，瘦肉、虾、带鱼、猪肝等 100g，鸡蛋 1 个，大豆或豆制品（折算成干豆重）10 ～ 20g，蔬菜 100 ～ 200g，水果 1 ～ 2 个，牛奶或豆浆 250g。

五、学龄儿童与青少年营养

（一）学龄儿童与青少年的生理特点

学龄儿童指 6 ～ 12 岁进入小学阶段的孩子，此时期儿童体格仍然维持稳步增长。除生殖系统外，其他系统发育已逐渐接近成年人水平，而且独立活动能力逐步加强，可以接受成年人的大部分饮食。

青少年时期一般指 12 ～ 18 岁，是生长发育的第二个高峰期。青少年时期生长发育速度加快，各器官逐步发育成熟，是一生中长身体、长知识的最重要时期。这个时期食欲旺盛，对食物的摄取量猛增。各种营养素需求量更大，需要量多于成年人，而且个体差异较大。

（二）学龄儿童和青少年的营养需要

1. 学龄儿童和青少年的能量需要

学龄儿童和青少年由于生长发育快，基础代谢率高，活泼好动，所以他们需要的能量接近或超过成年人。一般情况下，11 岁学龄男童摄入的能量不低于从事轻体力活动的父亲，女童不低于母亲。14 岁以上的青少年能量推荐摄入量超过从事轻体力活动父母亲的 17%左右。

2. 学龄儿童和青少年的蛋白质需要

学龄儿童和青少年必须保证供给充足的蛋白质。如果蛋白质供给不足，可导致生长发育迟缓，体格虚弱，学习成绩低下。

3. 学龄儿童和青少年的脂类需要

学龄儿童和青少年时期是生长发育的高峰期，能量的需求也达到了高峰。因此一般不应过度限制儿童青少年膳食脂肪的摄入。但脂肪摄入量过多将增加肥胖以及成年后心血管疾病、高血压和某些癌症发生的危险性。

4. 学龄儿童和青少年的碳水化合物需要

对于学龄儿童和青少年来说，保证适量碳水化合物摄入，不仅可以避免脂肪的过度摄入，同时谷类和薯类以及水果蔬菜摄入会增加膳食纤维及低聚糖，对于预防肥胖及心血管疾病有重要的意义。但应注意避免摄入过多的糖，特别是含糖饮料。

5. 学龄儿童和青少年的矿物质需要

由于骨骼生长发育快，性器官发育成熟，矿物质的需要量明显增加。青少年应注意钙、铁、碘和锌的供应。建议 6 ～ 10 岁儿童钙的适宜摄入量为 800mg/d，11 ～ 18 岁青少年钙的适宜摄入量为 1000mg/d。

6. 学龄儿童和青少年的维生素需要

由于学龄儿童和青少年代谢活跃，学习任务重，用眼机会多，因此有关能量代谢、蛋白质代谢和维持正常视力、智力的维生素必须保证充足供给，尤其要重视维生素 A 和维生素 B2 的供给。

（三）学龄儿童和青少年的合理膳食

第一，养成良好的膳食习惯。不挑食、不偏食、不吃零食，避免盲目节食。饮用清淡饮料，控制食糖摄入。三餐定时定量，注意早餐的质量和数量，有条件时，课间应加餐 1 次。

第二，多吃谷类，供给充足的能量。学龄儿童和青少年能量需要量大，而谷类是我国膳食中主要的能量来源，建议多摄取谷类，保证能量的供应。

第三，保证鱼、肉、蛋、奶、豆类和蔬菜的摄入。学龄儿童和青少年每日摄入的蛋白质应有一半以上为优质蛋白质，膳食中应含有充足的动物性和大豆类食物。每日摄入一定量奶类和豆类食品，以补充钙的不足。注意多摄取富含铁和维生素 C 的食物，保证新鲜蔬菜的摄入量。

第四，注意特殊时期的饮食。例如考试期间，学生应多补充维生素 A、维生素 B2、维生素 C、卵磷脂、蛋白质和脂肪，以补充消耗。

第五，每天进行充足的户外活动。学龄儿童和青少年每天进行充足的户外活动，能够增强体质和耐力；提高机体各部位的柔韧性和协调性；保持健康体重，预防和控制肥胖。

第六，不抽烟、不饮酒。学龄儿童和青少年处于快速发育阶段，身体各系统、器官还未成熟，神经系统、内分泌功能、免疫机能等尚不十分稳定，对外界不利因素和刺激的抵抗能力都比较差，因此抽烟和饮酒对学龄儿童和青少年的不利影响远远超过成年人。学龄儿童和青少年应养成不吸烟、不饮酒的好习惯。

六、中年人营养

（一）中年人的生理特点

中年期是指由青年期到老年期的过渡时期，年龄上是指 40 岁至 60 岁。中年期是人生中生理、心理和社会成熟度最佳的时期。其生理特点表现为随着年龄的增加，基础代谢率下降，肌肉等实体组织逐渐减少，而脂肪组织增多。器官细胞逐渐减少，器官的功能逐渐降低，机体免疫功能逐渐减弱。

（二）中年人的营养需要

1. 中年人的能量需要

中年人能量的供给要适当，能量的供给量应与活动强度相适应，有助于维持适宜体重即可。

2. 中年人的蛋白质需要

中年人蛋白质供给量应充足，蛋白质所提供的能量应占到全日总能量的 10%～15%，每日每公斤体重蛋白质的供给量不低于 1g。

3. 中年人的脂肪需要

对中年人来说，由脂肪提供的能量应占到全日总能量的 20%～30%即可，脂肪的供给量应不应过量。

4. 中年人的碳水化合物需要

中年人能量的主要来源还是碳水化合物，要保证由碳水化合物提供的能量应占到全日总能量的 55%～65%。

5. 中年人的矿物质和维生素需要

维生素可以促进代谢，增强抵抗力，尤其是维生素 A、维生素 E、维生素 C 和 B 族维生素对中年人很重要，膳食中应供给充足。中年人膳食中矿物质应增加钙、铁、碘、锌的摄入量，限制钠盐摄入，以预防骨质疏松、贫血和高血压等疾病的发生。

（三）中年人的合理膳食

中年人基础代谢率逐渐下降，因而在蛋白质的供给上要保证数量上的充足，同时也要保证优质蛋白质的供给。中年人脂肪组织增多，应当限制脂肪的摄入量，特别要注意控制动物脂肪的摄入量，防止高脂血症和动脉粥样硬化。尽管碳水化合物对中年人很重要，是中年人能量的主要来源，但不能过多摄入碳水化合物，尤其是精制糖。中年人应保持多样化的平衡膳食，主食以谷类为主，注意多吃粗粮和含淀粉比较多的植物性果蔬。动物类食物中注意鱼类、海产品的补充。一日三餐要定时定量，不要过饱，饮食清淡，少饮或不饮酒。

七、老年人营养

近年来，人口老龄化一直是困扰全球，尤其是影响发展中国家人群生活质量的重要因素之一。随着医学的不断进步，老年人口的比例还将进一步加大。不同国家对老年人的界限不同，中国老年的界限为 60 岁以上。合理膳食是老年人身体健康的物质基础，对于改善老年人的营养状况、增强抵抗力、预防疾病、延年益寿具有重要作用。

（一）老年人的生理特点

第一，代谢功能降低。老年人新陈代谢减慢，与中年人相比，老年人的基础代谢降低 15%～20%。

第二，消化系统功能减退。老年人由于牙齿脱落或明显的磨损，影响对食物的咀嚼和消化。胃蠕动减慢，胃排空时间延长，尤其是肠蠕动减弱易导致消

化不良及便秘。老年人舌头上的味蕾数目减少，使味觉和嗅觉降低，影响食欲。消化腺体萎缩，消化液分泌量减少，消化能力下降。

第三，身体的成分改变。老年人脂肪蓄积，血脂上升，骨密度降低，生理功能逐渐衰退，免疫功能下降，对外界和体内环境改变的适应能力减低，体力下降。

（二）老年人的营养需要

1. 老年人的能量需要

老年人由于基础代谢降低，再加上体力活动减少，所以对能量的需要量降低。老年人如果维持原来的能量摄入量，则容易导致“发福”。老年人的能量供给应以维持标准体重为宜，增重不要超过5kg。

2. 老年人的蛋白质需要

老年人由于体内的蛋白质以分解代谢为主，容易出现负氮平衡。此外由于老年人肾功能降低，如果过多地摄取蛋白质会增加肾脏负担，所以蛋白质的摄入量应质优且不宜过多。

3. 老年人的碳水化合物需要

老年人由于胰岛素分泌减少，对血糖的调节作用减弱，容易血糖升高；此外过多的碳水化合物在体内还可转变成为脂肪，引起肥胖、高脂血症等疾病。所以老年人不可过多摄入碳水化合物，一般每日碳水化合物提供总能量的55%～65%为宜。要少用精制糖，同时多摄取新鲜的蔬菜和水果，增加膳食纤维，防止便秘。

4. 老年人的脂肪需要

老年人脂肪摄入量以占总能量的20%～25%为宜。不易摄入过多，否则易发生冠心病和其他老年性疾病。老年人应该减少胆固醇的摄入量。

5. 老年人的矿物质需要

老年人群贫血患病率高于中年人，应多吃含铁丰富且质量高的食物。老年人容易缺钙，引起骨质疏松，特别是老年妇女。所以老年人应多进行户外活动，多选择含钙高的食物。我国老年人钙的适宜摄入量为1000mg/d。老年人味觉降低，容易引起食盐摄入过量，而高钠又是高血压的危险因素，所以老年人要注意控制钠的摄入。

6. 老年人的维生素需要

维生素 C 可促进胆固醇的排泄，防止老年人血管硬化和延缓衰老；维生素 E 可保护细胞膜受体内过氧化物酶的损害，有抗衰老作用，所以应注意供给维生素 E 多的食物，可以多供给一点维生素 C。老年人还应注意维生素 D 的供给或多晒太阳。

（三）老年人的合理膳食

随着年龄的增长，人体各种器官的生理功能都会有不同程度的减退，尤其是消化和代谢功能，直接影响人体的营养状况，如牙齿脱落、消化液分泌减少、胃肠道蠕动缓慢，使机体对营养成分的吸收利用下降。所以老年人必须从膳食中获得足够的各种营养素。

第一，控制食物的总量，保持适宜的体重。老年人基础代谢下降，从老年前期开始就容易发生超重和肥胖。但是不能盲目节制饮食，而是应该积极参加适宜的体力活动或运动，维持标准体重，延缓机体功能衰退。

第二，多吃粗粮、大豆、蔬菜、水果，特别注意以植物性食物为主。粗粮中含有较多的膳食纤维、维生素 B1、维生素 E 和矿物质。膳食纤维能增加肠蠕动，起到预防老年性便秘的作用。随着年龄的增长，非传染性慢性病如心脑血管病、糖尿病、癌症等发病率明显增加，膳食纤维还有利于这些疾病的预防。大豆、蔬菜、水果中含有较多的抗氧化物质，如维生素 E、维生素 C 以及类胡萝卜素、锌、铜、锰、多酚类、多糖类、异黄酮类等物质，对延缓衰老有利。

第三，坚持一天一杯牛奶、一个鸡蛋，适量吃鱼、禽、瘦肉和海产品。瘦肉、鱼、禽、奶、蛋和海产品可提供优质蛋白质。牛奶是优质钙源。海产品富含碘，对调节机体代谢有重要作用。鱼的脂肪中不饱和脂肪酸含量高，老年人可多吃鱼。

第四，少吃或不吃荤油、肥肉、油炸食品、甜点心、动物心脏、鱼子等食物。荤油、肥肉、油炸食品、点心、内脏、鱼子等食物含能量、胆固醇、饱和脂肪酸高，会促进衰老过程，造成对机体的损害。选择植物油作为烹调用油。

第五，食物应清淡、少盐，易于消化。老年人味觉功能减退，烹调食物时

需注意食物的色、香、味、形，以促进食欲。膳食中应减少食盐用量，防止高血压发生。老年人胃肠功能减退，应选择易于消化的食物，食物的烹调加工应软、烂，易嚼易咽。

第六，饮食应有节制、有规律。老年人的饮食应该定时定量，不过饥过饱，不过冷过热，不暴饮暴食，避免饮酒。

第三节　烹饪营养学中的膳食平衡

为了维持健康，人体需要通过合理的膳食获得适量的各种营养素。当营养素摄入过多或缺乏时，都会影响到人体的正常生理活动，同时，各类营养素只有互相配合、互相影响才能发挥正常的生理功能。自然界中，没有任何一种食物能够满足人体需要的全部营养素，只有摄取多种多样的食物才能满足人体的正常生理活动，促进人体的健康和生长发育，有利于某些疾病的预防和治疗。

平衡膳食又称为合理膳食，是指选择多种食物，经过适当搭配做出的膳食，膳食中营养素种类齐全、数量充足、比例适当，无任何危害或潜在危害因子，能够全面满足人体营养的需要，平衡膳食的最终目标要达到合理营养。

一、平衡膳食在营养方面的基本要求

（一）各种营养素的供应要能满足人体的需要

第一，各类营养素种类要齐全，每天都应摄取蛋白质、脂类、碳水化合物、维生素、矿物质和水六大类营养素，特别应注意保证多种必需氨基酸、必需脂肪酸、各种脂溶性和水溶性维生素、矿物质中的常量元素（尤其是钙）和微量元素（尤其是铁、锌、碘等）、碳水化合物以及膳食纤维（主要是可溶性膳食纤维）等的摄入量。

第二，各类营养素的数量应充足，要求膳食中各种营养素的摄入量要能满足人体的需要。具体讲，就是各种营养素的摄入量要达到膳食营养素的参考摄入量标准。

第三，平衡膳食中营养素的相互比例应合理。平衡膳食中各种营养素之间的比例应该符合人体的生理需要。

（二）膳食食物组成要多样化

平衡膳食要保证各种营养素的供给，必须保证食物多样化。各种各样的食物所含有的营养素种类、数量、比例和性质等都有一定的差异，没有任何一种单一食物能够提供人体所需要的全部营养素，这就要求每日膳食食物必须要多样化，进行合理选择和搭配。

（三）科学烹饪，促进食物的消化与吸收

食物的色、香、味、形等感官性状，对人的食欲影响很大。进行科学的烹饪，采用正确的烹调方法将有助于确保菜点的品质，提高食欲，促进食物的消化吸收，并能减少因烹饪加工方法不当而导致的营养素损失。

（四）食物对人体无毒无害

各种食物必须新鲜、干净，符合食品卫生标准，不能被有毒物质污染。如果膳食中含有各种有毒物质，并超过每日允许的摄入量，即使是人体所需的能量和各类营养物质都符合要求，也会影响到人体的健康。所以，保证食物的卫生质量是实现平衡膳食的关键。

（五）膳食制度要合理

要保证人体能够获得足够的营养素，首先必须保证机体的进食量，因此建立合理有效的膳食制度非常重要。人体一次消化吸收营养素的能力有限，倘若一次进食量过大，就会增加肠胃的工作负荷，不但不利于人体的消化吸收，而且会伤及脾胃。反之，食量不足或者食量分布不均匀，也会影响营养素的吸收利用效果。安排进餐时间和两餐间隔时间应恰当，一般混合性膳食的胃排空时间大约为4h，故两餐间隔一般为5h，一天安排三个餐次较为合理。通过平衡膳食，做到合理营养，改正不良的饮食习惯。

总之，饮食的最终目的是达到合理营养，满足机体正常代谢的需要。讲究营养的核心是合理，要想得到合理的膳食营养，就必须对膳食进行合理的调配，制定合理的膳食制度，并采取科学的烹调方法，避免由于膳食构成的比例失调

而导致某些营养素摄入过多或不足，避免在烹调中产生有害物质给人体造成不良影响。

二、膳食结构与类型

膳食结构又称为食物结构，是指膳食中各类食物的数量及其在膳食中所占的比重，它反映出膳食中各种食物之间的组成关系。科学合理的膳食结构是平衡膳食的保证。膳食结构既能反映出人们的饮食习惯、生活水平高低，也能反映出一个国家的经济发展水平和农业发展状况，是社会经济的重要特性。不同地域和国家的膳食结构由于国情不同不尽相同。

膳食结构类型的划分有许多方法，但最重要的依据是动物性和植物性食物在膳食构成中的比例。根据膳食中动植物性食物所占的比重，以及能量、蛋白质、脂肪和碳水化合物的供给量划分膳食结构的标准，可将世界不同地区的膳食结构分为以下四种类型：

（一）动植物性食物平衡

动植物性食物平衡的膳食结构中动物性食物与植物性食物比例比较适当，以日本人的膳食为代表。其膳食结构继承了东方国家以谷类食物为主的传统，同时融合了西方国家膳食中的合理部分。日本人的膳食结构以植物性食物为主，注重豆类和海产鱼类的摄入，形成了以大米为主食，豆制品、海产品、肉食、蔬菜、水果为副食，以酱油和酱为主要调味品的膳食结构。该类型膳食的特点是：能量能够满足人体需要，又不至于过剩；蛋白质、脂肪和碳水化合物的供能比例合理；来自于植物性食物的膳食纤维和来自于动物性食物的营养素均比较充足，同时动物脂肪又不高，有利于避免营养缺乏病和营养过剩性疾病，有益于健康。此类膳食结构已经成为世界各国调整膳食结构的参考。

（二）以植物性食物为主

以植物性食物为主的膳食结构以植物性食物为主，动物性食物为辅。大多数发展中国家的贫困地区，由于经济不发达，动物性食物摄取不足，以谷类食物为主，造成蛋白质的严重缺乏，营养素的各种缺乏症发病率较高。此类膳食结构类型的特点是：谷物食物消费量大，动物性食物消费量小；动物性蛋白一般占蛋白质总量的 10% ～ 20%，植物性食物提供的能量占总能量的 90%。该类型的膳食结构能量基本可满足人体需要，但蛋白质、脂肪摄入量均较低，主要是来自动物性食物的营养素（如铁、钙、维生素 A 等）摄入不足。营养缺乏病是这些国家人群的主要营养问题。但从另一方面看，以植物性食物为主的膳食结构，膳食纤维充足，动物性脂肪较低，有利于冠心病和高脂血症的预防。

（三）以动物性食物为主

以动物性食物为主的膳食结构类型是多数欧美发达国家的典型膳食结构类型，属于营养“过剩型”的膳食结构。这些国家的饮食习惯是以畜、禽、蛋、奶、鱼等动物性食物为主，而谷薯类与蔬菜水果等植物性食物摄取较少。该类型膳食结构的主要特点是高能量、高脂肪、高蛋白质，而膳食纤维的摄取量较少。与以植物性食物为主的膳食结构相比，营养过剩所引起的相关疾病是此类膳食结构国家人群所面临的主要健康问题。

（四）地中海膳食结构

地中海膳食结构是居住在地中海地区的居民所特有的，意大利、希腊可作为该种膳食结构的代表。膳食结构的主要特点如下：

第一，膳食富含植物性食物，包括水果、蔬菜、豆类、坚果类等。

第二，食物的加工程度低，新鲜度较高，该地区居民以食用当季、当地产的食物为主。

第三，橄榄油是主要的食用油，所占比例较高。

第四，每天食用少量、适量奶酪和酸奶。

第五，每周食用少量、适量鱼、禽、蛋。

第六，以新鲜水果作为典型的每日餐后食品，甜食每周只食用几次。

第七，每月食用几次红肉（猪、牛和羊肉及其产品）。

第八，大部分成年人有饮用葡萄酒的习惯。

地中海地区居民心脑血管疾病发生率很低，已引起了西方国家的注意，并纷纷参照这种膳食模式改进自己国家居民的膳食结构。

三、中国居民膳食指南与平衡膳食宝塔

（一）中国居民膳食指南

膳食指南又称为膳食指导方针，是根据营养学原则，结合国情，指导人民群众平衡膳食，以达到合理营养促进健康目的的指导性意见。

膳食指南是对大众进行食物合理选择与搭配的建议，其目的在于优化膳食结构、倡导平衡膳食，以降低与膳食相关的疾病的发病率，使得大众居民能够健康长寿。目前世界上的许多国家都会定期颁布适合本国国情的膳食指南。我国居民膳食指南包括以下内容：

1. 食物多样，谷物为主，粗细搭配

人类的食物多种多样，各种食物所含的营养成分不完全相同，除母乳外，任何一种天然食物都不能提供人体所需的全部营养素。平衡膳食必须有多种食物组成，才能满足人体各种营养需求，达到合理营养、促进健康的目的。因而要提倡人们广泛食用多种食物。多种食物应包括以下五大类：

第一类：谷类和薯类。谷类包括米、面、杂粮；薯类包括马铃薯、红薯等。此类食物主要提供碳水化合物、蛋白质、膳食纤维和B族维生素等。

第二类：动物性食物。动物性食物包括肉禽鱼奶蛋等，主要提供蛋白质、脂肪、矿物质、维生素A和B族维生素等。

第三类：豆类及豆制品。豆类及制品包括大豆及其他干豆类，主要提供蛋白质、脂肪、膳食纤维、矿物质和B族维生素等。

第四类：蔬菜水果类。蔬菜水果类包括鲜豆、根茎、叶菜、茄果等，主要提供膳食纤维、矿物质、维生素C和胡萝卜素等。

第五类：纯能量食物。纯能量食物包括动植物油、淀粉、食用糖和酒类，主要提供能量。植物油还可以提供维生素E和必需氨基酸等。

其中谷类食物是我国传统膳食的主体，是最主要最经济的能量来源。坚持以谷类食物为主，既有助于保持我国膳食的良好传统，又可以避免高能量、高脂肪和低碳水化合物膳食的弊端，应该每天保持适量的谷类食物摄入。另外要注意粗细搭配，经常吃一些粗粮、杂粮和全谷类食物。稻米、小麦不要加工得

过于精细，否则谷类中的维生素、矿物质等会大量流失。粗细搭配还有助于预防肥胖症和糖尿病等慢性疾病的发生。

2. 多吃蔬菜、水果和薯类

新鲜的蔬菜水果是平衡膳食的重要组成部分，也是我国传统膳食的重要特点之一。蔬菜和水果含有丰富的维生素、矿物质和膳食纤维，水分多，能量低。薯类含有丰富的淀粉、膳食纤维以及多种维生素和矿物质。富含蔬菜、水果和薯类的膳食对保持身体健康，保证肠道的正常功能，提高免疫力，降低肥胖症、高血压、糖尿病等慢性疾病风险有重要作用。

3. 每天吃奶类、大豆及其制品

奶类营养素种类较为齐全，组成比例适当，易被人体消化吸收。奶类除含有丰富的优质蛋白质和维生素外，含钙量较为丰富，并且利用率也很高，是膳食钙质的极好来源，这是任何食物都不可比拟的。我国居民膳食提供的钙质普遍偏低，只能达到推荐摄入量的一半左右。我国婴儿维生素 D 缺乏病的患病率也较高，这和膳食钙不足可能有一定的关系。给儿童、青少年饮奶可以提高其骨密度，从而延缓其发生骨质丢失的速度。因此，应大大提高奶类的摄入量。豆类是我国的传统食品，含大量的优质蛋白质、不饱和脂肪酸、钙及烟酸等营养素，并且含有磷脂、低聚糖以及异黄酮、植物固醇等多种植物化学物质。大豆是重要的优质蛋白质来源，为提高农村人口的蛋白质摄入量及防止城市中过多消费肉类带来的影响，应适当多吃大豆及其制品。

4. 常吃适量的鱼、禽、蛋和瘦肉

鱼、禽、蛋、瘦肉等动物性食物是优质蛋白质、脂溶性维生素、B 族维生素和矿物质的良好来源，是平衡膳食的重要组成部分。动物来源蛋白质不仅蛋白质含量高，而且氨基酸组成更适合人体需要，且赖氨酸含量较高，有利于补充植物来源蛋白质中赖氨酸的不足。但是动物性食物一般都含有一定量的饱和脂肪酸和胆固醇，摄入过多可能会增加患心血管疾病的风险。肉类中铁的利用较好，鱼类特别是海产鱼所含的不饱和脂肪酸有降低血脂和防止血栓形成的作用。动物肝脏含维生素 A 极为丰富，还富含维生素 B12、叶酸等。但有些内脏（如脑、肾等）所含胆固醇相当高，对预防心血管系统疾病不利。

目前我国部分城市居民食用动物性食物较高，尤其是食用的猪肉过多，应调整肉食结构，适当吃鱼、禽肉，减少猪肉的摄入量。相当一部分城市和多数农村居民平均吃动物性食物的量还不够，应适当增加。

5. 减少烹调用油量，吃清淡少盐膳食

脂肪是人体能量的重要来源之一，并可提供必需脂肪酸，有利于脂溶性维生素的消化吸收，但是脂肪摄入过多是引起肥胖、高血脂、动脉粥样硬化等多种慢性疾病的危险因素之一。膳食盐的摄入量过高与高血压的患病率密切相关。为此，居民应养成清淡少盐膳食的习惯，即膳食不要太油腻，不要太咸，不要摄取过多的动物性食物和油炸、烟熏、腌制食物。建议不同年龄的人群每天烹调油用量不超过 25g；食盐摄入量不超过 6g，包括酱油、酱菜、酱中的食盐量。

6. 食不过量，天天运动，保持健康体重

进食量和运动是保持健康体重的两个主要因素，食物给人体提供能量，运动消耗能量。如果进食量过大而运动量不足，多余的能量就会在体内以脂肪的形式积存下来，增加体重，造成超重或肥胖；相反若食量不足，可由于能量不足引起体重过低或消瘦。体重过高或过低都是不健康的表现，易患多种疾病，缩短寿命。所以，应保持进食量和运动量的平衡，使摄入的各种食物所提供的能量既能满足机体需要，而又不造成体内能量过剩，使体重维持在适宜范围。

正常生理状态下，食欲可以有效控制食量，不过饱就可保持健康体重。一些人食欲调节不敏感，满足食欲的进食量常常超过实际需要，过多的能量摄入导致体重增加，不要每顿饭都吃到“十成饱”。

由于生活方式的改变，体力活动减少，进食量相对增加，我国超重和肥胖的发生率正在逐年增加，这是心血管疾病、糖尿病和某些肿瘤发病率增加的主要原因之一。运动不仅有助于保持健康体重，还能够降低患高血压、卒中、冠心病、糖尿病、结肠癌、乳腺癌和骨质疏松等慢性疾病的风险；同时还有助于调节心理平衡，有效消除压力，缓解抑郁和焦虑症状，改善睡眠。目前我国大多数成年人体力活动不足或缺乏体育锻炼，应改变久坐少动的不良生活方式，养成天天运动的习惯，坚持每天做一些消耗体力的活动。建议成年人每天进行累计相当于步行 6000 步以上的身体活动，如果身体条件允许，最好进行 30 分

钟中等强度的运动。

7. 三餐分配要合理，零食要适当

合理安排一日三餐的时间及进食量，进餐定时定量，适当选择零食，可以作为三餐的补充。早餐提供的能量应占全天总能量的 30%，午餐应占 40%，晚餐应占 30%，可根据职业、劳动强度和生活习惯进行适当调整。要天天吃早餐并保证其营养素充足，午餐要吃好，晚餐要适量。不暴饮暴食，不经常在外就餐，尽可能与家人共同进餐，并营造轻松愉快的就餐氛围。零食作为一日三餐之外的营养补充，可以合理选用，但来自零食的能量应计入全天的摄入能量之中。

8. 每天足量饮水，合理选择饮料

水是一切生命必需的物质，在生命活动中发挥着重要作用。水的排出主要通过肾脏，以尿液的形式排出，其次是经肺呼出、经皮肤和随粪便排出。进入体内的水和排出来的水基本相等，处于动态平衡。水的需要量主要受年龄、环境温度、身体活动等因素的影响。一般来说，健康成年人每天需水 2500ml 左右。在温和气候条件下生活的轻体力活动的成年人每日最少饮水 1200ml（约六杯）。在高温或强体力劳动的条件下，饮水量应适当增加。饮水不足或过多都会对人体健康带来危害。饮水应少量多次，要主动，不要感到口渴时再喝水，最好选择白开水。

饮料多种多样，需要合理选择，如乳饮料和纯果汁含有一定量的营养素和有益膳食成分，适量饮用可以作为膳食的补充。有些饮料添加了一定的矿物质和维生素，适合热天户外活动和运动后饮用。有些饮料只含糖和香精香料，营养价值不高。多数饮料都含有一定量的糖，大量饮用特别是含糖量高的饮料，会在不经意间摄入过多能量，造成体内能量过剩。

另外，饮后如不及时漱口刷牙，残留在口腔内的糖会在细菌作用下产生酸性物质，损害牙齿健康。有些人尤其是儿童、青少年，每天喝大量含糖的饮料代替喝水，是一种不健康的生活习惯，应当改正。

9. 如饮酒要适量

在节假日、喜庆和交际的场合，人们饮酒是一种习俗。高度酒含能量高，白酒基本上是纯能量食物，不含其他营养素。无节制的饮酒，会使食欲下降，

食物摄入量减少，以致发生多种营养素缺乏、急慢性酒精中毒、酒精性脂肪肝，严重时还会造成酒精性肝硬化。过量饮酒还会增加患高血压、中风等疾病的危险；并可导致事故及暴力的增加，对个人健康和社会安定都是有危害的，应该严禁酗酒。另外，饮酒还会增加患某些癌症的危险。如必须饮酒应尽可能饮用低度酒，并控制在适当的限量以下，建议成年男性一天饮用酒的酒精量不超过 25g，成年女性一天饮用酒的酒精量不超过 15g。孕妇和儿童、青少年应忌酒。

10. 吃新鲜卫生的食物

食物放置时间过长会引起变质，可能产生对人体有毒有害的物质。另外，食物中还可能含有或混入各种有害因素，如致病微生物、寄生物和有毒化学物等。吃新鲜卫生的食物是防止食源性疾病、实现食品安全的根本措施。

正确采购食物是保证食物新鲜卫生的重要环节。一般来说，正规商场和超市、知名的食品企业比较注重产品的质量，也更多地受到政府和消费者的监督，在食品卫生方面有较大的安全性。购买预包装食品应当留心查看包装标志，特别应关注生产日期、保质期和生产单位；也要注意食品颜色是否正常，有无异味，以便判断食物是否发生了腐败变质。烟熏食品及有些加色食品，可能含有苯并芘或亚硝酸盐等有害成分，不宜多吃。

在烹调加工过程中需要注意保持良好的个人卫生以及食物加工环境和用具的清洁，避免食物烹调时交叉污染，对动物性食物应当注意加热熟透，煎、炸、烧烤等烹调方式如使用不当容易产生有害物质，应尽量少用。

有一些动物或植物性食物含有天然毒素，例如河豚、毒藻、含氰苷类的苦杏仁和木薯、未成熟或发芽的马铃薯、鲜黄花菜和四季豆等。为了避免误食中毒，一方面需要学会鉴别这些食物，另一方面要了解对不同食物进行浸泡、清洗、加热等除去毒素的具体方法。

（二）中国居民平衡膳食宝塔

中国居民平衡膳食宝塔是根据《中国居民平衡膳食指南》的核心内容，结合中国居民膳食的实际情况，把平衡膳食的原则转化成各类食物的重量，并且采用图形方式将各类食物标示出来，便于人们在日常生活中实行。宝塔是膳食指南的量化和形象化的表达，也是人们在日常生活中贯彻执行膳食指南的工具。

平衡膳食宝塔包含人们每天要吃的主要食物种类及数量。膳食宝塔各层面积和位置不同，这在一定程度上反映出各类食物在膳食中总的地位和应占的比例。宝塔从下至上划分为五层：

第一，谷类食物，位于底层（第一层），每人每天应该吃 250 ～ 400g。

第二，蔬菜和水果，位于第二层，每天应该吃 300 ～ 500g 和 200 ～ 400g。

第三，鱼、禽、肉、蛋等动物性食物，位于第三层，每天应吃 125 ～ 225g（鱼虾类 75 ～ 100g，畜、禽肉 50 ～ 75g，蛋类 25 ～ 50g）。

第四，奶类和豆类食物，位于第四层，每天应吃相当于 300g 鲜奶的奶类及奶制品和相当于 30 ～ 50g 干豆的大直及其制品，坚果每天的摄入量应为 30 ～ 50g。

第五，烹调油和食盐，位于第五层，每天烹调油不超过 25g，食盐不超过 6g。

膳食宝塔没有建议食糖的摄入量，因为我国居民平均吃糖的量还不多，对健康的影响还不大。但多吃糖会增加龋齿的危险，尤其是儿童、青少年不应吃太多的糖和含糖高的食物和饮料。

中国居民平衡膳食宝塔中建议的各类食物摄入量都是指食物可食部分的生重。各类食物的重量不是指某一种食物的用量，而是一类食物的总量。因此，在选择具体食物时，实际重量可以换算。

（三）中国居民平衡膳食宝塔的应用

1. 依据宝塔，确定食物的需要

膳食宝塔中建议的每人每日各类食物适宜摄入量范围适用于一般健康成年人，在实际应用时要根据个人年龄、性别、身高、体重、劳动强度、季节等情况适当调整。能量是决定食物摄入量的主要因素。一般来说，年轻人、劳动强度大的人需要较多的能量，建议多摄取主食；年老、活动少的人能量需要较少，可以少摄取主食。膳食宝塔按照 7 个能量水平分别建议了 10 类食物的摄入量，应用时要根据自身的能量需要进行选择。膳食宝塔建议的各类食物摄入量是一个平均值，每日膳食中应尽量包含膳食宝塔中的各类食物，但无须每日都严格按照膳食宝塔的建议摄取各类食物，只要在一段时间内，比如一周，各类食物

摄入量的平均值符合建议量即可。

2. 食物同类互换，丰富营养搭配

人们吃多种多样的食物不仅是为了获得均衡的营养，也是为了使膳食更加丰富，以满足人们的口味享受。膳食宝塔所包含的每一类食物中都有许多的品种，各品种所含有的营养成分往往大体上近似，在膳食中可以互相替换。应用膳食宝塔可把营养与美味结合起来，按照同类互换、多种多样的原则调配一日三餐。

3. 因地制宜，充分利用当地资源

我国幅员辽阔，各地的饮食习惯及物产不尽相同，只有因地制宜，充分利用当地资源才能有效地应用膳食宝塔。

4. 养成良好习惯，长期坚持

膳食对健康的影响是长期的结果。应用平衡膳食宝塔需要自幼养成习惯，并坚持不懈，才能充分发挥其对健康的重大促进作用。

四、科学营养配餐与膳食调查

（一）营养配餐的技巧

营养配餐就是按人们身体的需要，根据食物中各种营养物质的含量，设计一天、一周或一个月的食谱，使人体摄入的蛋白质、脂肪、碳水化合物、维生素和矿物质等几大营养素比例合理，即达到平衡膳食。营养配餐是实现平衡膳食的一种措施。

科学配餐是指在配餐的过程中，不但要根据菜肴的质量要求和属性配餐，而且要根据烹饪原料的营养特点以及营养素的特性来合理选料、合理搭配，使一份菜或一席菜各菜肴间的营养素含量能满足用餐者的生理需要，达到合理营养的目的。通过科学配餐，可以完善菜肴的营养价值，保证菜肴的质量，并突出菜肴的色、香、味、形。科学配餐应掌握以下技巧：

第一，注意菜肴的营养搭配和质地搭配。注意菜肴的营养搭配和质地搭配，提高菜肴的营养价值，使用餐者获得更为全面的营养素，是科学配餐的主要目的。因此，配餐时不仅要配质地，更重要的是对营养素的搭配。要注意充分发挥不同原料的营养特长，多种食物之间荤素搭配，提高菜肴的营养价值。注意营养

素之间或与其他化学成分之间的相互关系，尽量发挥相互之间在消化、吸收和利用等方面的有利影响作用(如胡萝卜素与脂肪、维生素C与铁、耗与草酸等等)，消除不利影响。

第二，注意菜肴主料、辅料的数量搭配。对有主料、配料的菜肴，必须突出主料的特点，配料应起烘托主料和补充营养素的作用，不能“喧宾夺主”。一般主料与配料之比以 4 ∶ 3 或 3 ∶ 2 较为合理。

第三，注意菜肴感官性状的搭配。在搭配菜肴的色泽时，可采取顺色搭配或异色搭配的方式，使菜肴主料、配料的色彩协调，美观大方，以配料衬主料，突出主料特色，从而促进食欲，帮助消化吸收。对菜肴的味进行搭配时，可浓淡搭配，选用的主料味浓厚时，选用的配料应是味清淡的原料，如“菜心烧肘子”。也可淡淡搭配，即选用主料、配料味清淡并可相互衬托的原料，如“鲜菇烧豆腐”。还可进行异香味搭配，即选用主料有浓香、配料有特殊香的烹饪原料，这样两味融合，食之别具风味，如“蒜苗烧肉片”等。

第四，注意菜肴原料的营养搭配。①主副搭配。主食是膳食中主要能量来源的食物，例如我国居民的主食是米、面，辅以杂粮和薯类等。副食是用于更新修补机体组织，调节生理功能，补充主食中营养不足的食物，例如肉类、鱼虾类、蛋类、奶类、蔬菜类和水果类等。主食和副食之间要进行合理搭配，缺一不可，从而保证各种营养素的供应充足。②荤素搭配。动物性食物又称荤食，植物性食物又称素食，荤素搭配有利于食物原料营养素之间相互取长补短。③粗细搭配。制作菜肴时要注意粗粮和细粮结合搭配。④酸碱搭配。人体体液的正常 PH 值在 7.35 ～ 7.45 之间，呈弱碱性。我们摄取的食物按照对体液 PH 值影响程度的不同分为成酸性食物和成碱性食物。成酸性食物常见的有谷类、肉类、蛋类、鱼虾类等。成碱性食物主要是蔬菜类和水果类，奶类和豆制品为弱碱性食物。在正常情况下，这两大类食物的摄取基本上能保持平衡状态，如果出现暂时的不平衡，体内有酸碱平衡自稳定系统会自动调整，但长期的不平衡，尤其出现成酸性食物长期摄取过多时，体液就会呈酸性，而人体体液偏酸严重者可导致人体酸中毒。所以，在膳食中必须注意成酸性食物和成碱性食物的适当搭配，尤其应该控制成酸性食物的比例，以保持人体适宜的酸碱度。

（二）膳食调查

膳食调查是营养配餐的前提。膳食调查就是通过调查了解一个人或一个群体在短时间内平均每天所吃各种食物的种类和数量，计算出每人每天的各种营养素的平均摄入量，并将其与推荐的营养素供给量标准进行比较，从而评价膳食质量是否能够满足人体需要，同时了解膳食计划、食物调配和烹调加工过程中存在的问题，以便对膳食构成进行改进，并按此设计编制新的符合标准的营养食谱。

第一，记账法。膳食调查最简单易行的方法就是记账法。其方法是调查饮食单位在某一时间段（如一个月）内各种食物的发票及账本，查出该段时间内单位消费的食物种类及数量，再将就餐人数准确统计，然后根据这些数据统计出每人每天各种食物的平均摄入量，再按照食物成分表计算出每人每天各种营养素及能量的摄入量。这种方法可以随时随地进行，适合饮食账目清晰的机关、学校、军队等集体单位，有利于进行较长时间段的膳食调查。

第二，称重法。称重法是最常用同时也是比较精确的一种膳食调查方法。这种方法是将饮食单位或个人每日食用的各种食物，都分别称出生重，烹调之后，称出熟重，并计算出生熟的比例，再由实际食入的熟食换算出生食重量，然后根据食物成分表计算出每人每日的能量和各种营养素的摄入量。称重法能较准确地反映出被调查对象的营养素摄入情况，但花费力气大，为了调查更加准确，一般应最少调查 3 天。

第三，询问法。询问法是通过问答的方式，由被调查者回顾其最近 24h 内所吃食物的种类及数量，再由此估算出其摄入的能量及各种营养素。该方法简单易行，由于是通过调查对象进行回顾的，再加之只统计了调查对象一日的进餐情况，因此，结果不是十分准确。在客观条件受限不能进行记账法和称重法的情况下，应用询问法进行调查也能对大体的情况有初步的了解。

第六章　烹饪营养及其安全保障路径

第一节　烹饪技术与营养之间的关系

现代饮食追求口味的同时也要保证营养，因此烹饪工艺和营养之间需根据原则进行权衡。我国餐饮行业的发展不仅要结合当地的地域饮食特色，还要考虑到营养问题，这也要求厨师和餐饮从业者要熟练地掌握烹饪工艺，从多个层次进行考虑完成烹饪过程。尤其是中国的餐饮和西方的饮食有很大的不同，中餐讲究五味之间的调和，这说明受传统文化的影响，中国美食文化具有鲜明的个性与传统。在社会科技不断发展的背景下，烹饪工艺以及烹饪材料都得到了丰富，在烹饪的过程中保证膳食的营养必须要以科学为依据。

一、烹饪技术和养生学之间的关联性

我国中医对烹饪工艺有一定的影响。厨师在烹饪技术的学习过程中要具备养生学常识，也就是满足药食同源的中医理论，把烹饪工艺和均衡的营养膳食相互结合，使膳食满足口腹之欲，并调节人体机能，达到养生保健的多重功效。对厨师而言，要加强对食谱的有关理论学习，把中医的理论和精髓与烹饪技术相互结合，发挥食材营养对人体的积极作用。

二、烹饪工艺和现代营养学之间的关系

烹饪的前提是要确保食物的营养，如果食物经过烹饪丧失了全部营养价值，那么这样的烹饪无疑是失败的、毫无意义的。“对原料进行合理烹饪，需根据

不同烹饪原料的营养特点和各种营养素的理化性质，合理地采用我国传统的烹饪加工方法，使菜肴和面点在色、香、形等方面达到烹饪工艺的特殊要求，又要在烹饪工艺过程中尽量保持营养素，消除有害物质，容易消化吸收，更有效地发挥菜肴和面点的营养价值。”[①]

烹饪厨师需要经过不断的学习和自我扩充优化知识结构，尤其是要掌握营养学相关知识，学习营养学理论，提高对食物营养的认知，让菜肴同时满足人们对于色香味的不同追求，并保证菜肴搭配合理，营养均衡。

三、时代发展和烹饪营养之间的联系

在社会和科技不断发展的背景与前提之下，烹饪的食材和厨房用具开始变得更加智能化、多样化，因此烹饪工艺也要与时俱进。同时营养的科学概念也在不断扩充和更新，这就要求烹饪厨师要提升自身信息化素养，把现代科学技术和先进的烹饪技术相互结合，在原有的做菜技巧和菜肴烹饪工艺的基础上进行创新，研发出满足口味、营养等多方面要求的全新菜谱。

第二节　烹饪中营养的保护措施

一、烹饪中营养素的损失途径

食物中的营养素会随着烹饪加工而不断损失。学习烹饪中营养素的损失途径对更好地进行营养素保护非常重要。

根据烹饪过程中引起食物营养素损失的原因和造成损失的结果不同，其损失途径一般可分为流失和破坏两种，主要因烹制加工方法不当而有一定流失和破坏。

（一）营养素的流失

食物中营养素的流失，通常由某些物理因素引发，如日晒、空气流动、渗

---

① 张君芳．浅谈烹饪对原料营养的影响及对策［J］．农产品加工，2020（04）：72.

透压改变、细胞破裂等，营养素流失后没有发生化学变化，收集后还可以重新利用。通常营养素流失的途径如下：

1. 蒸发

食物在日晒、空气流动等物理因素影响下，主要会造成水分的蒸发，从而引起食物新鲜度的下降和口感的变化。如萝卜在存放过程中，水分蒸发，新鲜度下降，口感发“糠”，但有时为了特定口感，烹饪中也会利用这种蒸发制作特定的食物，如萝卜干。

2. 渗出

因为烹饪过程中会加入调味料，尤其是加入盐，会引起食物内外渗透压发生变化；刀工切配会引起细胞破裂。这些因素都会导致水分和溶于水的部分营养素渗出，渗出液被收集后，在保证食品安全的前提下，可以再次利用，如用来和面。

3. 溶解

食物在洗涤、浸泡和烹制过程中，部分营养素会溶解出来。如淘米、过水面、蔬菜炒制，都会发生营养素溶解在水中、汤汁中或烹调油中的现象，经过收集或烹调方法的改良，这些溶解的营养素还可以再次利用。

（二）营养素的破坏

食物中营养素的破坏，通常由某些物理、化学或生物因素引发，如高温炸制、加碱、微生物污染等，食物中的营养素化学结构、性质发生改变，失去了营养价值，甚至转变成对人体有害的物质，不可再利用。通常营养素破坏的途径如下：

1. 高温烹调

如高温炸制，不耐热的营养素如维生素 C 及 B 族维生素易被破坏而损失，而且脂肪、蛋白质、碳水化合物等物质在较高油温下会发生一些不良变化，甚至产生对人体致癌的物质，降低了食物的营养价值。

2. 加碱

在传统烹调过程中，有时候会用到食用碱，如煮粥、焯水、发酵等。加碱可使食物中的 B 族维生素和维生素 C 受到破坏，加得越多，破坏越严重。

3. 微生物污染

烹调过程中因为不规范操作，会导致食物的微生物污染，不仅会引起食物中营养素的分解，而且还会产生有害于人体的代谢产物，破坏了食物的营养价值，如食品的霉变、发黏、发臭等。

二、主食加工中的营养保护措施

主食，对副食而言，即主要的食物，如常吃的米饭、馒头等谷类食物，一些地方也将土豆、甘薯等薯类作为主食的一部分。主食是人类膳食结构中不可缺少的重要组成部分，从其营养贡献来说，主食，尤其是碳水化合物中的淀粉，为人类提供了主要的能量来源和绝大多数的营养素。我国的谷类品种多样，资源丰富，加工方法更是多种多样，极富地方和民族特色，许多主食品类已经成为当地的名小吃，甚至是地方的代言美食，如云南过桥米线、天津狗不理包子、陕西凉皮、新疆的馕、山西刀削面、四川酸辣粉、西藏青稞糌粑、扬州炒饭、河南烩面、江苏黄桥烧饼等，纷繁多样，数不胜数。

主食加工基本上都要经过高温，如最常见的焖米饭、蒸馒头、煮面条等，加工前还要经过淘洗、发酵等环节，如果不注意烹饪过程中的营养保护，许多微量营养素都会有不同程度的损失，甚至损失殆尽。

（一）面类主食加工中的营养保护

面类食品如馒头、烙饼、油饼、油条、面条、面包等，一般在制作过程中，蛋白质、脂肪、碳水化合物、矿物质的损失较少，但B族维生素随加工方法不同而有不同程度的损失。蒸、烙、煮等方法对维生素破坏较少；面食加碱或高温油炸会严重破坏维生素；煮面条时可有2%～5%的蛋白质及部分B族维生素流失到汤中。

第一，提倡使用酵母替代“面肥”发酵面团。人们吃的面粉中，含有多种水溶性维生素，这些水溶性维生素除了易溶于水的特点外，就是容易被碱破坏，加碱可造成30%～50%的维生素B1的破坏，其他部分维生素也可遭到不同程度的破坏。所以为了保护维生素免遭破坏，提倡使用酵母替代“面肥”发酵面团。

另外，使用酵母替代“面肥”发酵面团时，在酵母菌生长过程中还会产生多种B族维生素，同时破坏面粉中的植酸盐，有利于铁等微量元素的吸收。

第二，煮面条时不要丢弃面汤。面条下锅之后，面汤会逐渐浓厚起来，其实就是因为面条本身的部分营养物质转移到了汤中，所以为了更好地利用食物带给人的营养物质，不浪费、流失，尽量不把面汤丢弃掉，可以喝掉或是加工其他食物时巧妙利用。

第三，避免高温油炸。以炸油条为例，因为要加碱和高温油炸，维生素 B2 和维生素 C 损失约 50%，维生素 B1 几乎损失殆尽，而且油炸过程中还会生成有害于人体的其他物质。

（二）稻米类主食加工中的营养保护

以大米为例，在制作过程中，由于淘洗、加热、加碱，可损失部分水溶性维生素、蛋白质和矿物质，如果淘洗次数多、浸泡时间长、加碱量大、水温高，那么损失会更大。

第一，吃新米，少淘洗，不搓洗。新米，色泽白皙，米香清新，米粒外层的糊粉层和胚芽中，含有丰富的维生素和矿物质。而陈米存放时间超过 1 年，一般颜色黯淡发黄，这种米可能含有黄曲霉毒素，而黄曲霉毒素有很高的致癌性。所以购买时最好选择大型超市或粮油专卖店等正规销售点，其标识完整，可以看到生产日期并加以鉴别。但大米在烹调之前一般均需淘洗，并挑去沙石。在这个过程中，部分营养素就会丢失，特别是水溶性维生素。应尽量减少淘米次数，一般不宜超过 3 次。淘米时不要用流动水冲洗或开水烫洗，更不可用力搓洗。

第二，少吃捞米饭。捞米饭就是将米煮至变软、发胀时捞出，再放入笼屉内蒸熟。因为捞米饭吃起来很香，所以不少家庭都有吃捞米饭的习惯。殊不知，这种做法导致很多营养素都随着丢弃的米汤而流失了，是一种很不合理的制作方法。其实只要将米汤利用起来，捞米饭偶尔还是可以吃的。

第三，慎用碱。有人为了把大米粥熬得又香又黏，常常在粥锅里加碱。这样做虽能让粥的口感好，但却导致米中大部分维生素被破坏。因此，这一做法不值得提倡。但在烹饪玉米类主食，如做玉米粥、蒸窝窝头、贴玉米饼时，可在玉米面中加点小苏打（碳酸氢钠）。这样，不但色、香、味俱佳，而且玉米中含有的营养素容易被人体吸收、利用。因此，必须牢记一个原则：以玉米为主食时，可以适当加碱；以大米等为主食时，不可加碱。

在主食加工中除以上保护措施外，还要注重多种食材搭配，如粗细搭配、荤素搭配等。通过膳食多样化手段，包括食材多样化和加工方法多样化，来弥补加工过程中营养素的损失是十分有效的办法。

三、副食加工中的营养保护措施

副食加工一般要经过洗涤、切配、焯水、过油、烹制等过程，在这些过程中，蔬菜及鱼、肉、蛋等动物性食物中的营养成分往往会因为加工不当而造成不同程度的损失。尤其是蔬菜，其中的维生素、矿物质等微量营养素损失更为严重。

（一）蔬菜在加工中的营养保护

1. 切洗得当

（1）先洗后切，切后不泡烹调原料都应先洗净然后再改刀，改刀后不再洗，更不能用水泡，以减少水溶性营养素的损失。如用白菜做凉拌白菜，切丝后用凉水浸泡，维生素 C 的损失率高达 50%。

（2）改刀不宜过碎维生素氧化的损失与原料切后的表面积有直接关系，表面积越大，则越易使维生素与空气中的氧接触，氧化机会大大增加，损失就越严重。因此食品原料不宜切得过碎，应在烹调允许的范围内尽量使其形状大一些。

（3）现烹现切蔬菜原料的切配应在临近烹调之前进行，不可过早。切配的数量要估计准确，不可一次切配过多，因为这些原料不能及时烹调，不仅使菜肴的色、香、味等受到影响，而且会增大营养素在储存时的氧化损失。

2. 正确焯水

为了除去某些原料的异味，增进色、香、味、形，或调整原料的烹调时间等，要用沸水进行焯水处理，焯水应注意以下三个方面：

（1）火旺水沸，短时速成。为防止水温降得过快，原料应分次下锅，这样水温很快就可升高沸腾，蔬菜在沸水中焯透立即捞出，这样不但能使蔬菜色泽鲜艳，同时可减少营养素的损失。

（2）立即冷却，不挤汁水。经水焯的蔬菜捞出后，温度仍很高，对其中叶绿素、维生素的保护很不利，所以应立即用冷水冲凉。经水焯的蔬菜最好不要挤汁，否则会使水溶性营养素大量损失。

（3）焯水后改刀。蔬菜应焯水后再改刀，这样可避免蔬菜中的水溶性物质在焯水中溶解而流失。正确焯水不仅可直接减少营养素的损失，而且还可去除菠菜、苋菜、冬笋等蔬菜中的部分草酸，进而提高一些矿物质的利用率。

3. 正确烹制

烹调蔬菜，要尽量旺火热油、快速翻炒，这样能缩短菜肴的成熟时间，使蔬菜中的营养素损失率大大降低。大火急炒的烹调方法由于其加热时间短，原料内汁液溢出较少，因而水溶性营养物质损失少；另外，还可使蔬菜色泽鲜艳，质地脆嫩，改善菜肴的感官质量。

4. 适时加盐

烹炒蔬菜类食品，不要过早加盐。这是因为，盐可以在原料表面形成较高的渗透压，使蔬菜内部的水分迅速向外渗透。蔬菜大量失水，不仅形态干瘪、质地变软，而且水溶性营养素随水分溢出，会增加氧化作用和流失的损失量。

5. 禁止用碱

由于大多数维生素在碱性环境中损失较多，所以在一般的烹调方法中要禁止用碱。如为使蔬菜更加翠绿，在焯水中加碱；也有在制作绿色鱼丸或绿色鸡片时，为使色泽鲜艳，在青菜汁中加碱，这些做法都会增加维生素的损失。

（二）动物性食物在加工中的营养保护

1. 烹调方法

动物性食品烹调的方法很多，如烹、炸、烧、炒、焖和煮等，在限定的烹调温度中对蛋白质、脂肪和矿物质的损失甚微，但对维生素有一定破坏，其主要原因是高温的作用。若制作过程中上糊勾芡，就可减少维生素的损失。

2. 挂糊上浆

挂糊上浆是制作动物性菜肴不可缺少的工序。在食物表面上薄层粉芡，一般以蛋清和淀粉为原料，主要目的是保护维生素、水分，并使蛋白质在高温作用下不过于凝固和分解。在高温作用下可使挂糊的食物表面形成一层外膜，使食物不直接与热油接触，食物中水分、营养物质和味觉物质得以保护，可保持菜肴的鲜嫩，易于消化淀粉和某些动物性原料中含有的谷胱甘肽，在热的作用

下放出硫氢基（-SH），具有保护维生素的作用。

3. 油温

油温是菜肴烹制的关键，油温的高低对肉菜营养素影响很大。油温在150～200℃时炸或炒的食品营养素保存率较高，如用此油温炒肉丝，硫胺素保存90.6%、核黄素保存100%；炸里脊硫胺素保存86%、核黄素保存95%。据观察油温达350～360℃之间时，脂肪的聚合反应和分解作用加强，产生对人体有害的低级酮和醛类，使脂肪口感变劣。过高油温还可增加维生素的损失率，还可使肉中蛋白质焦化，而焦化的蛋白质中色氨酸产生的衍生物具有强烈的致癌作用。

第三节　烹饪营养与安全的保障路径

“随着经济发展水平的不断提高，人们对食品营养与健康有更高的要求。从社会角度来看，人们追求健康的方式呈现出多样化的特点，烹饪营养与安全成为餐饮行业发展的重要内容。”[①] 保障烹饪营养与安全，可以从以下三个方面入手：

一、广泛传播烹饪营养知识，树立正确营养观

我国古人对饮食营养很有研究，饮食养生的理论在各朝各代都推出很多有影响的观点，可以说，我国是一个拥有古老饮食营养考究的文明古国，对于饮食营养的追求有着源远流长的历史和丰厚的理论积淀。

我国对烹饪营养的追求有着悠久的历史，但对于民众说来，在过去很长的时期内，限于社会经济和生活条件所迫，还不能享受其中。在当今已具备追求烹饪营养的生活条件下，民众也十分愿意讲求烹饪营养，但还缺乏科学的正确的烹饪营养观。对此，需加强对大众烹饪营养观和健康营养观的引导和培育。

① 段晓艳．保障烹饪营养和安全的途径研究［J］．现代食品，2018（22）：45.

引导和培育大众烹饪营养观和健康营养观的途径有很多，尤其是在当今媒体高度发达的状况下，有多种可使用的方法，一些媒体和商家也瞄准该方面的社会需求，进行许多的尝试，但这方面的宣传和引导虽具有正面效应，也会让人产生一定的距离感，使人们觉得烹饪营养并不适合大众的需求，因此，由名师名厨领衔担纲形象宣传，更具有大众信服度。

引导和培育大众烹饪营养观和健康营养观的出发点要端正，必须解决出发点的问题。当今社会的食品安全问题十分突出，一方面是大众对饮食营养的追求，另一方面是食品安全问题屡禁不止。要让大众对食品有安全感和营养感，需要社会的引导宣传和保驾护航，有效解决由于人们自我摸索而产生的营养不良、营养过剩、营养无用等既收效不高又浪费资源的问题，同时增强人们防范伪劣营养食品的观念和鉴别力。

二、积极培育厨师队伍，提供合格的烹饪营养师

在满足人们家居生活需求的同时，还要重视人们旅居在外和亲朋聚会时对餐饮行业的需求问题，这不仅需提供一定的硬件条件，更需大力培育合格的厨师队伍。一方面，重视培训场所的建设，应严格考察每个培训场所具有的条件，严格控制资质，本着宁缺毋滥的根本性原则，绝对不能放松任何条件；另一方面，搞好对厨师的培养，要坚持敞开进口、严把出口的精神，欢迎热爱厨师岗位的人员投身到餐饮服务事业中，但在资格的授予上，则需严而又严，决不可采取“差不多就行”的做法，从而影响厨师队伍的整体水准。在强化专业能力培养的基础上，更要在道德品质上严格塑造厨师队伍，确实培养出艺精品端的厨师人才。

同时，要坚持定期验收、适时评审的办法，对于已获取资质或资格的场所及人员进行复检和审核，表现突出的要给予一定的荣誉，对于存在问题的不能姑息迁就，应限期整改或吊销证书，尤其是对那些枉顾人民健康的问题更不能搞放任自流，必须予以严厉整治，以确保人们的身心健康。

三、明示菜品营养价值，为民众选择健康食品创造条件

我国的餐饮业在向人民大众提供服务的水平上还有待增强，特别是在高度强化烹饪营养的情况下，更需从细致方面入手提升服务效能。如在菜谱的提供上，

目前强调的是菜名、价码、样品照片等简单资料，但这对于不具备一定相应知识的顾客显然不够。为此，从强调营养供给的角度出发，应在向顾客提供的菜谱中，增加菜品的食材结构、营养成分、适应的人群、顾忌的食物搭配等相关的内容，使人们在选择食物时，能根据自身的实际情况，科学选择自己所需要的饮食，以避免因为选食不当而影响健康问题的发生。

参考文献

[1] 陈金标. 选择烹饪原料的三层次原则 [J]. 扬州大学烹饪学报, 2004（03）:28.

[2] 陈龙, 乔兴. 真空恒温烹饪技术原理及应用 [J]. 扬州大学烹饪学报, 2012, 29（2）:43-46.

[3] 程音. 豆类营养价值及豆制品合理选择 [J]. 食品安全导刊, 2022,（12）:103-105.

[4] 杜立华. 烹饪营养与配餐 [M]. 重庆: 重庆大学出版社, 2021.

[5] 段晓艳. 保障烹饪营养和安全的途径研究 [J]. 现代食品, 2018（22）:45.

[6] 范志红. 健康烹调的要点 [J]. 保健医苑, 2022（05）:60-62.

[7] 冯玉珠. 烹饪学导论 [M]. 北京: 中国轻工业出版社, 2016.

[8] 耿铭晛. 豆类食品的营养物质及作用 [J]. 吉林农业, 2017（08）:106.

[9] 顾向军. 烹饪调味方法及应注意的问题分析 [J]. 考试周刊, 2014（96）:196.

[10] 郭晨, 王稳航. 杂豆的烹饪性能分析与品质提升技术研究进展 [J]. 中国粮油学报, 2021, 36（6）:151-157.

[11] 郭长江, 李可基, 王枫. 特殊营养研究进展 [J]. 营养学报, 2015, 37（02）:124-126.

[12] 胡茂芩, 吴华昌, 王卫, 等. 烹饪菜肴工业化加工现状及其安全性控制分析 [J]. 中国调味品, 2019, 44（12）:176-180.

[13] 纪桂元, 洪晓敏, 蒋琦, 等. 特殊人群膳食指导 [J]. 华南预防医

学,2018,44（03）:295-297.

[14] 纪有华.烹饪过程中美拉德反应对菜肴的影响［J］.扬州大学烹饪学报,2006,23（4）:32-36.

[15] 季鸿崑.中国烹饪技术体系的形成和发展［J］.商业经济与管理,2000（5）:53-57.

[16] 焦艳霞.论合理营养平衡膳食对人体健康的影响［J］.理论学刊,2012（z1）:144.

[17] 李汴生,张晓银,阮征,等.冷配送烹饪莴笋的真空冷却技术研究［J］.现代食品科技,2014,30（5）:167-171,195.

[18] 李腊生.探讨菜肴烹饪中勾芡的技术要点［J］.中国食品,2018（22）:116-117.

[19] 李荣,孙录国,肖涛.烹饪营养学［M］.济南:山东人民出版社,2016.

[20] 李智美.科学烹饪对食物营养价值的保护性作用［J］.食品界,2022（10）:78-80.

[21] 刘磊.保障烹饪营养和安全的有效途径［J］.食品安全导刊,2016（30）:75-76.

[22] 刘丽疆.浅谈中式烹饪的方法及技术创新［J］.中国食品,2021（21）:106-107.

[23] 刘琳.食品蛋白质功能特性的影响因素［J］.肉类研究,2009（10）:61-66.

[24] 刘巍.浅谈烹饪刀工技术的掌握与几种练习方法［J］.黑龙江科技信息,2012（22）:54.

[25] 卢开国.烹饪技术［M］.北京:中国环境科学出版社,2006.

[26] 鲁明,付欣.新型豆制品加工的研发现状［J］.农业科技与装备,2021（06）:90-91.

[27] 马小红.合理营养平衡膳食对人体健康的影响［J］.中国食品工业,2022（08）:54-55.

［28］孟庆玲.蛋白质:生命的基石［J］.食品安全导刊,2014（25）:76-77.

［29］孟晓娟,王云霞,王文涛.烹饪营养与配餐［M］.武汉:华中科技大学出版社,2019.

［30］宋睿,邓源喜.大豆制品的营养价值及其开发利用［J］.安徽农学通报,2018,24（12）:112-114.

［31］苏卫东.对于烹饪刀工技能的探讨［J］.城市建设理论研究（电子版）,2011（15）.

［32］王芳.西餐调味技术对中餐烹饪的影响研究［J］.中国食品,2022（12）:125-127.

［33］张君芳.浅谈烹饪对原料营养的影响及对策［J］.农产品加工,2020（04）:72.

［34］张艳霞.环境对食品营养价值的影响因素分析［J］.中国食品工业,2021（14）:125-126.

［35］赵建民.烹饪营养与食品安全［M］.北京:中国旅游出版社,2017.

［36］支佳佳.烹饪工艺和食品营养之间的关系研究［J］.食品安全导刊,2022（07）:132-134.

［37］周世中.烹饪工艺［M］.成都:西南交通大学出版社,2011.

［38］朱艳玲.浅谈烹饪原料的选择与学生健康［J］.食品安全导刊,2018（06）:52.